新世纪全国高等中医药院校规划教材

U0736459

制药工艺学实验

（供药学类专业用）

主　编　王　沛（长春中医药大学）

副主编　石富强（长春工业大学）

　　　　胡乃合（山东中医药大学）

　　　　王桂红（湖北中医药大学）

　　　　赵　琳（辽宁中医药大学）

　　　　邵桂真（开封制药集团）

　　　　王宝华（北京中医药大学）

中国中医药出版社

·北　京·

图书在版编目（CIP）数据

制药工艺学实验/王沛主编 . —北京：中国中医药出版社，2010.9（2021.3重印）
新世纪全国高等中医药院校规划教材
ISBN 978 - 7 - 5132 - 0021 - 9

Ⅰ . ①制… Ⅱ . ②王… Ⅲ . ①制药工业 - 工艺学 - 实验 - 中医学院 - 教材
Ⅳ. TQ460. 1 - 33

中国版本图书馆 CIP 数据核字（2010）第 110135 号

中 国 中 医 药 出 版 社 出 版
北京经济技术开发区科创十三街 31 号院二区 8 号楼
邮政编码　100176
传真　010 64405721
河北纪元数字印刷有限公司印刷
各地新华书店经销

＊

开本 850 ×1168　1/16　印张 5. 75　字数 138 千字
2010 年 9 月第 1 版　2021 年 3 月第 2 次印刷
书　号　ISBN 978 - 7 - 5132 - 0021 - 9

＊

定价　17. 00 元
网址　www.cptcm.com

新世纪全国高等中医药院校规划教材

《制药工艺学实验》编委会

主　编　王　沛（长春中医药大学）

副主编　石富强（长春工业大学）

　　　　胡乃合（山东中医药大学）

　　　　王桂红（湖北中医药大学）

　　　　赵　琳（辽宁中医药大学）

　　　　邵桂真（开封制药集团）

　　　　王宝华（北京中医药大学）

编　者　熊　阳（浙江中医药大学）

　　　　刘永忠（江西中医学院）

　　　　雷钧涛（吉林医药学院）

　　　　程铁峰（河南大学）

　　　　郑洪伟（长春中医药大学）

　　　　毕　博（吉林农业科学技术学院）

　　　　鲁曼霞（湖南中医药大学）

　　　　王俊淞（东北师范大学）

　　　　张红梅（辽宁工程技术大学）

　　　　管清香（吉林大学）

　　　　程桂茹（长春工业大学）

编写说明

　　《制药工艺学实验》是新世纪全国高等中医药院校规划教材《制药工艺学》的配套教材。

　　制药工艺学是一门实践性很强的学科，其实验是依据《制药工艺学》教学大纲及实验大纲的要求编写而成，目的是通过实验加深对制药工艺学的基本理论和基本实践操作的理解，掌握药物制备工艺条件筛选的基本方法；掌握对药物进行结构修饰的基本方法；了解拼合原理在药物制备中的应用；培养学生理论联系实际的作风，实事求是、严格认真的科学态度与良好的工作习惯。

　　《制药工艺学实验》是按照工艺筛选实验、单元操作训练实验等部分进行叙述的，至于工艺筛选具体实验可以按教学的不同阶段要求来定，根据不同目的，对学生提出不同的要求。

　　本实验教材可供制药类、药学类、药物制剂等专业学生使用，亦可作为制药企业新药研发及规模生产筛选制备工艺的参考用书。

　　本实验教材在编写过程中，得到了各编委所在高校院系领导的大力支持，在此表示感谢。

　　由于时间仓促，限于作者水平，书中难免有欠妥、不当之处，敬请广大读者和同仁提出宝贵意见，以便再版时修订提高。

编者

2010 年 8 月

目　录

实验室守则

　　制药工艺学是一门实践性很强的学科，所以实验室工作是非常重要的，由于在实验室经常使用挥发性的、易燃性的各种有机试剂或溶剂，最容易发生的危险就是火灾。因此在实验中应严格遵守实验室的各项规章制度，从而可以预防各种事故的发生。

　　在实验室内禁止吸烟。实验室中使用明火时应考虑周围的环境，如周围有人使用易燃易爆溶剂时，应禁用明火。一旦发生火灾，不要惊慌，须迅速切断电源、熄灭火源，并移开易燃物品，就近寻找灭火的器材，扑灭着火。如容器中少量溶剂起火，可用石棉网、湿抹布或玻璃盖住容器，扑灭着火；其他着火，采用灭火器进行扑灭，并立即报告有关部门或拨打119火警电话报警。

　　在实验中如遇到割伤、烫伤情况，应用水充分清洗伤口，并取出伤口中的碎玻璃或残留固体，用无菌的绷带或创可贴进行包扎、保护。大伤口应注意压紧伤口或主血管，进行止血，并急送医院处理。

　　在实验中如遇化学试剂灼伤情况，需立即用大量水冲洗。酸性试剂灼伤，用3%~5%碳酸氢钠溶液淋洗；碱性试剂灼伤，则用2%醋酸溶液或1%硼酸溶液淋洗，最后水洗10~15分钟。严重者将灼伤部位拭干包扎好，到医院治疗。

　　实验中产生的废弃物不要丢在废纸篓或类似的盛器中，应该使用专门的废物箱。某些实验废物，如会放出毒气或能够自燃的废物（活性镍、磷、碱金属等），决不能丢弃在废物箱或水槽中。不稳定的化学品和不溶于水或与水不混溶的溶液也禁止倒入下水道，应将它们分类集中后处理。对倒掉后能与水混溶，或能被水分解或腐蚀性液体，必须用大量的水冲洗。同时也不要把任何用剩的试剂倒回试剂瓶中，因为其一会对试剂造成污染，影响他人的实验；其二由于操作疏忽导致错误引入异物，有时会发生剧烈的化学反应甚至引起爆炸。

　　在实验前，对所做的实验应充分做好预习工作。通过预习，应知道反应的原理，可能发生的副反应、反应机制、实验操作的原理和方法，产物提纯的原理和方法，注意事项及实验中可能出现的危险及处置办法。同时还要了解反应中化学试剂的化学计量学用量，对化学试剂和物品的理化常数等要记录在案，以便查询。

　　做好实验记录和实验报告是每一个科研人员必备的基本素质。实验记录应记在专门的实验记录本上，实验记录应有连续的页码。所有观察到的现象、实验时间、原始数据、操作和后处理方法、步骤均应及时、准确、详细地记录在实验记录本上，并签名，以保证实验记录的完整性、连续性和原始性。

实验一 氢化可的松的制备工艺

氢化可的松（1-1）为常用糖皮质激素类药物，可调节糖、脂肪、蛋白质的生物合成及代谢，具有抗炎、抗病毒、抗休克及抗过敏作用，并可作为制备多种甾体药物的起始化合物。主要用于肾上腺皮质功能不足和自身免疫性疾病，以及某些感染的综合治疗。对消化性溃疡病、骨质疏松症、精神病、重症高血压忌用，充血性心力衰竭、糖尿病、急性感染性疾病慎用。目前虽已有若干疗效更高、副作用较少、具有特

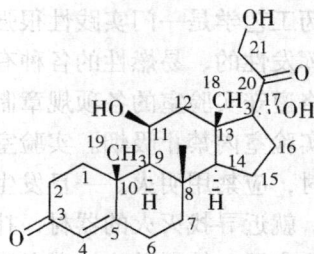

（1-1） 氢化可的松

效的甾体类药物出现，但由于氢化可的松疗效确切，仍不失为重要的甾体类激素药物之一，在国内生产的激素品种中，它的产量最大。

化学名为 $11\alpha, 17\alpha, 21$ - 三羟基孕甾 - 4 - 烯 - 3,20 - 二酮；分子式为 $C_{22}H_{32}O_5$；相对分子质量 376.22；mp 212℃ ~ 222℃。性状：白色或几乎白色的结晶性粉末，无臭，初无味，随后有持续苦味，遇光渐变质，熔融时分解；不溶于水，几不溶于乙醚，微溶于氯仿，溶于乙醇、丙酮。

一、实验目的

1. 掌握从穿山薯蓣中提取薯蓣皂苷元的方法。
2. 掌握半合成方法制备氢化可的松的方法。

二、实验原理

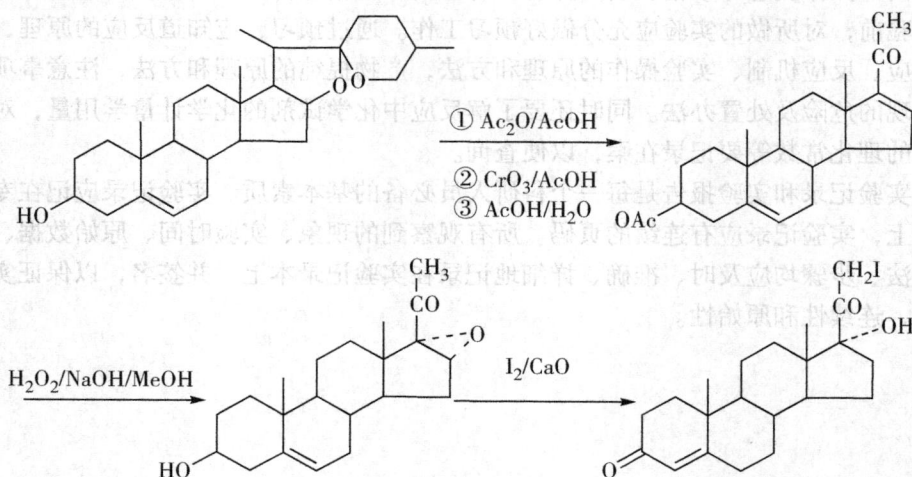

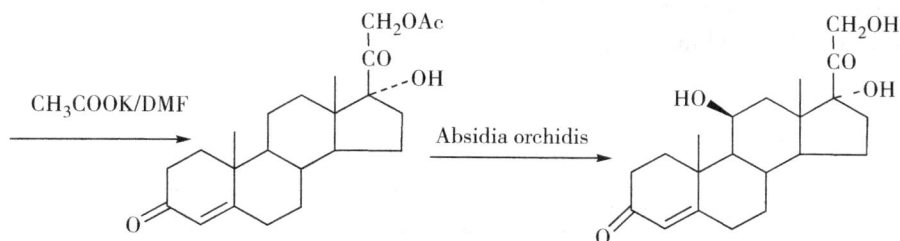

图 1 - 1 氢化可的松实验的制备原理

三、实验步骤

1. 薯蓣皂苷元的提取

（1）取穿山薯蓣粗粉（50g）置圆底烧瓶中，加水 250ml，浓硫酸 20ml，室温浸泡 24 小时，文火加热回流 4～6 小时，放冷，倾出酸水液，取酸性药渣，用清水漂洗 3 次，然后将药渣倒入乳钵中，加碳酸钠粉末，反复研磨，调 pH 至中性，水洗、抽干，得中性药渣，80℃ 干燥 12 小时，得干燥药渣，置乳钵中研成细粉。

（2）将上述细粉置索氏提取器中，以石油醚（60℃～90℃沸程）为溶剂，连续回流提取 4～5 小时；取石油醚提取物，回收石油醚至剩余 10～15ml，迅速倾入小三角烧瓶中，放置使充分冷却，过滤；取沉淀部分，用少量冷石油醚洗 2 次，抽干，即得薯蓣皂苷元粗品。

（3）精制。取上述获得的薯蓣皂苷元粗品，加无水乙醇，或氯仿：甲醇（1：3）重结晶，得薯蓣皂苷元精品。

2. 双烯醇酮醋酸酯的制备

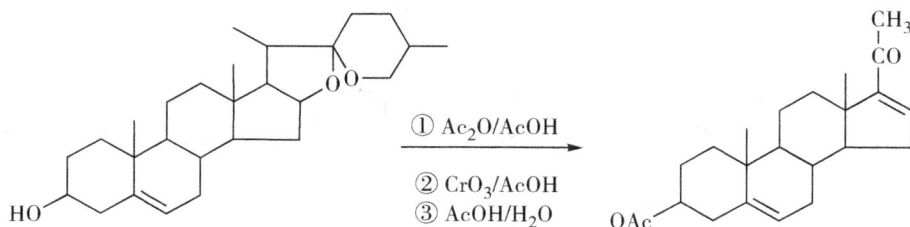

图 1 - 2 双烯醇酮醋酸酯的制备原理

（1）将薯蓣皂苷元、乙酐、冰醋酸投入反应装置中。先抽真空，然后升温使内温达到 191℃～200℃，压力达到 450～500kPa 以上，反应 0.5 小时。待反应完毕，冷却，加冰醋酸，于 5℃～7℃时，加入预先配好的铬酸溶液（铬酐、醋酸钠和水的混合物），使其自然升温到 60℃～70℃，保温反应 20 分钟。当氧化反应完毕，加热升温到 95℃，开始蒸馏回收醋酸，温度逐渐升到 110℃以上时，改用减压装置回收醋酸到一定体积，冷却，加水稀释，过滤，洗涤，得双烯醇酮粗品。

（2）精制。双烯醇酮粗品用少量水加热溶解，再冷却使粗品成球后与水分离，将水放出后，加入乙醇，加热使溶解，冷却到 0℃时分离出结晶，用乙醇洗涤，干燥得双烯醇酮醋酸酯精品（mp 165℃以上），收率约为 55% ~ 57%。

3. 16α,17α - 环氧黄体酮的制备

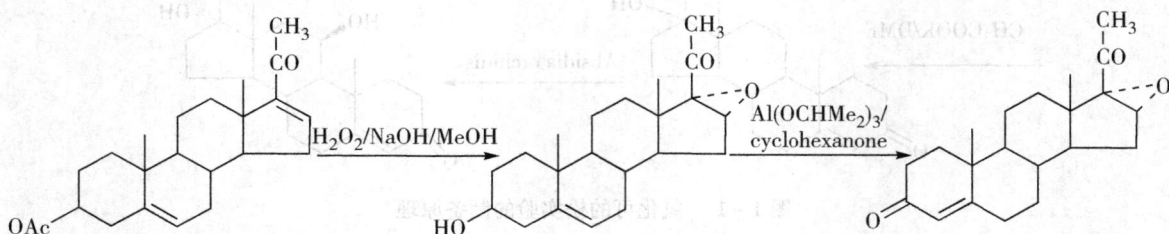

图 1-3　16α,17α - 环氧黄体酮的制备原理

（1）将甲醇、双烯醇酮醋酸酯投入反应装置内，搅拌升温至 28℃ ~ 30℃，加入 20% 的苛性钠溶液，使温度自然上升至 40℃，保温 20 分钟，冷却至 28℃ ~ 30℃，慢慢滴入过氧化氢。控制氧化温度在 30℃ ±2℃，滴完后保温反应 3 小时，室温放置，待反应中残留过氧化氢含量降至 0.5% 以下，反应结束，环氧化合物析出（mp 184℃左右）。

（2）用冰醋酸中和反应液到 pH 8 ~ 9，加热到 70℃。减压浓缩至糊状。加入甲苯，加热回流提取，冷却分层，分去水层，甲苯层用热水洗涤到 pH 7 后，常压蒸馏除水，直至馏出液澄清。然后加入环己酮，蒸馏，至蒸出液澄清为止。

（3）加入异丙醇铝，在 115℃ ~ 120℃回流 1.5 小时，稍冷加入苛性钠溶液，水蒸气蒸馏回收甲苯，趁热过滤，滤饼用热水洗至中性，乙醇洗，干燥，得环氧黄体酮（mp 201℃以上），收率 75% 左右。

4. 17α - 羟基黄体酮的制备

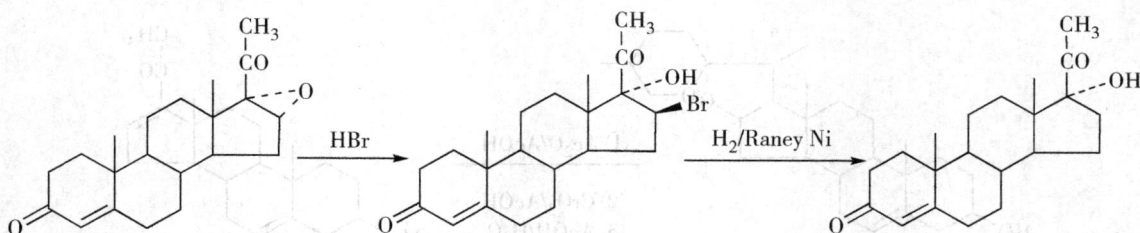

图 1-4　17α - 羟基黄体酮的制备原理

（1）将环氧黄体酮加入已冷却到 15℃ 的 56% 氢溴酸中，温度不超过 26℃，加毕，反应 1.5 小时。将反应物倾入水中，静置，过滤，用水洗涤到中性和无氯离子（用硝酸银试液检查），分离得 16α - 溴 - 17α - 羟基黄体酮。

（2）将分离得到的 16α - 溴 - 17α - 羟基黄体酮溶于乙醇中，加入冰醋酸及雷尼镍，排除罐内空气后，以 20kPa 的压力通入氢气，于 34℃ ~ 36℃时滴加醋酸铵 - 吡啶溶液，滴完后继续反应，直到溴全部脱去（取少量反应液用铜丝作焰色反应），即停止通氢气。加热至 68℃左右保温 15 分钟，过滤，滤液减压浓缩回收乙醇后，冷却，加水稀释，过滤，水洗至中性，干燥，得 17α - 羟基黄体酮（mp 184℃），收率为 95% 左右。

5. 17α-羟基-21-醋酸黄体酮的制备

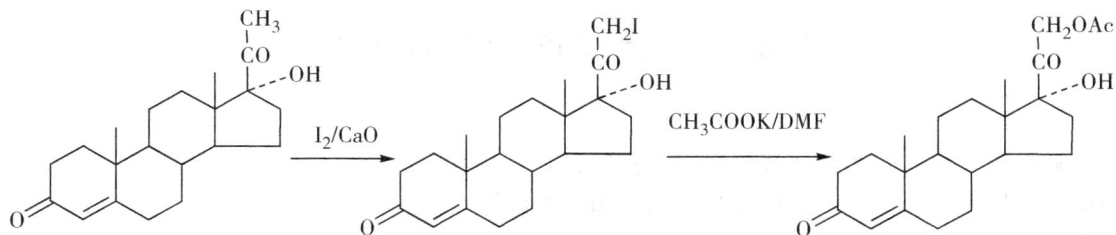

图1-5　17α-羟基-21-醋酸黄体酮的制备原理

（1）将17α-羟基黄体酮加入氯仿和总量1/3的氯化钙-甲醇溶液中，搅拌至全溶，加入氧化钙，于0℃±1℃慢慢滴加已溶于总量2/3的氯化钙-甲醇溶液中的碘液，维持该温度继续反应1.5小时再加入预先冷冻（-10℃）的氯化铵水溶液，静置分层，过滤，分取氯仿层（水层可回收碘），减压回收氯仿至结晶析出。加入甲醇，继续浓缩至干，加入二甲基甲酰胺使溶解，此即为17α-羟基-21-碘黄体酮溶液。

（2）将碳酸钾加入二甲基甲酰胺中，于搅拌下加入醋酸和醋酐，加毕升温到90℃，反应0.5小时，冷却至20℃；加入上述制备的17α-羟基-21-碘黄体酮溶液中，逐步升温到90℃，保温反应0.5小时，待反应完毕，冷却到-10℃，过滤，水洗，干燥，得17α-羟基-21-醋酸黄体酮（mp 226℃），收率95%左右。

6. 氢化可的松的制备

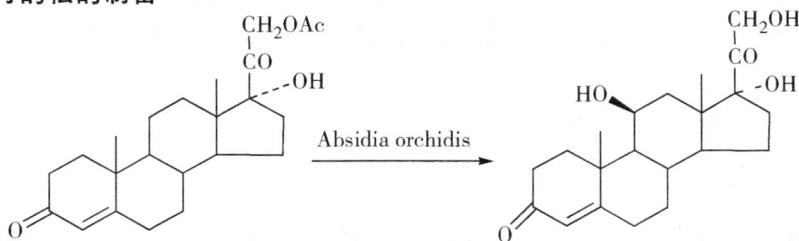

图1-6　氢化可的松的制备原理

（1）将玉米浆、酵母膏、硫酸铵、葡萄糖粉及水投入发酵罐中，搅拌，用氢氧化钠溶液调整pH 5.7～6.3，加入0.03%豆油，120℃灭菌，通入无菌空气，降温至27℃～28℃，接入蓝色梨头霉（Absidia orchidis）孢子悬浮液，维持罐压60kPa，控制排气量，通气搅拌发酵28～32小时，用氢氧化钠调pH 5.5～6.0，投入发酵体积0.15%的17α-羟基-21-醋酸黄体酮，氧化24小时后，取样作比色实验检查反应终点。到达终点后滤除菌丝，发酵液用醋酸丁酯多次提取，合并提取液，减压浓缩至适量，冷却至0℃～10℃，过滤，干燥，得粗品（mp 195℃），收率46%左右。

（2）精制。粗品可用16～18倍的含8%甲醇的二氯乙烷溶液，加热回流使全溶，趁热过滤，滤液冷却至0℃～5℃，冷冻，结晶，过滤，干燥，得氢化可的松（mp 202℃以上）。

（3）重结晶。精制品加16倍左右的甲醇或乙醇重结晶，即得精品（mp 212℃以上），精制率94%～95%。

实验二 氟哌酸的制备工艺

氟哌酸（2-1）为第三代喹诺酮类药物，具有抗菌谱广、作用强的特点，尤其对革兰阴性菌，如绿脓杆菌、大肠杆菌、肺炎克雷白杆菌、奇异变形杆菌、产气杆菌、沙门菌、沙雷菌、淋球菌等有强的杀菌作用，其最低抑菌浓度（MIC）远较常用的抗革兰阴性菌药物为低。对于金黄色葡萄球菌，本品的作用也较庆大霉素为强。临床用于咽喉炎、扁桃体炎、肾盂肾炎、尿道炎、泌尿系统感染和肠道的细菌感染；也可用于耳鼻喉科、妇科、皮肤科等感染性疾病的治疗。

（2-1）　氟哌酸

氟哌酸的化学名为1-乙基-6-氟-1,4-二氢-4-氧-7-（1-哌嗪基）-3-喹啉羧酸。该化合物为微黄色针状晶体或结晶粉末，mp 216℃～220℃，易溶于酸及碱，微溶于水。

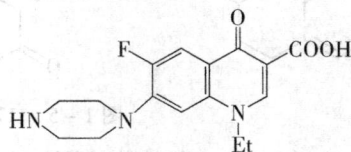

一、实验目的

1. 通过对氟哌酸生产工艺的学习，基本了解氟哌酸生产工艺。
2. 通过对氟哌酸合成路线的比较，掌握实际生产工艺优选的几个基本要求。
3. 通过实际操作，对工艺中涉及的各类反应特点、机制、操作要求、反应终点的控制等知识有所了解。
4. 掌握各步中间体的质量控制方法。

二、实验原理

氟哌酸的制备方法很多，按不同原料及路线划分约有十几种，但我国药品工业生产中以下述路线为多。将氟氯苯胺与乙氧基次甲基丙二酸二乙酯高温缩合，环合得6-氟-7-氯-1,4-二氢-4-氧-喹啉-3-羧酸乙酯，再用溴乙烷乙基化，得1-乙基-6-氟-7-氯-1,4-二氢-4-氧-喹啉-3-羧酸乙酯，再与由醋酐和硼酸形成的（AcO）$_3$B反应生成硼螯合物，在DMSO中与哌嗪缩合，最后经NaOH水解得氟哌酸。

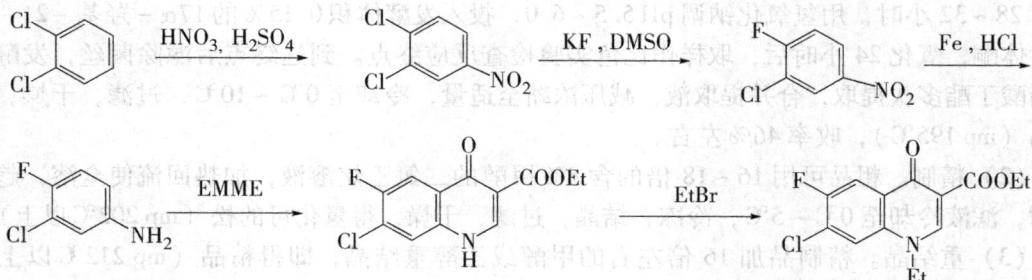

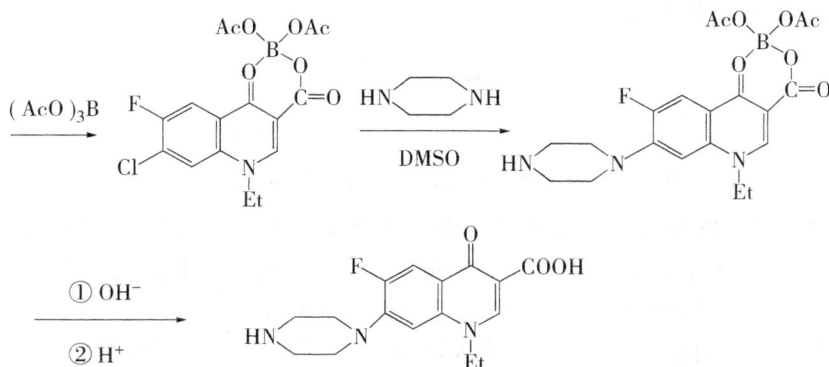

图 2 - 1　氟哌酸实验的制备原理

三、实验步骤

1. 3,4 - 二氯硝基苯的制备

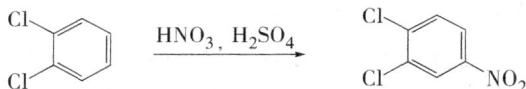

图 2 - 2　3,4 - 二氯硝基苯的制备原理

于装有搅拌器、回流冷凝器、温度计、滴液漏斗的四颈瓶中，先加入硝酸 51g，水浴冷却下，滴加硫酸 79g，控制滴加速度，使温度保持在 50℃ 以下。滴完后换一滴液漏斗，于 40℃～50℃ 内滴加邻二氯苯 35g，40 分钟内滴完，升温至 60℃，反应 2 小时，静止分层，将上层油状液体倾入 5 倍量的水中，搅拌，固化，放置 30 分钟，过滤，水洗至 pH 7，真空干燥，称重，计算收率。

2. 4 - 氟 - 3 - 氯 - 硝基苯的制备

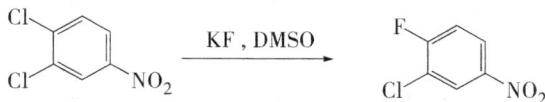

图 2 - 3　4 - 氟 - 3 - 氯 - 硝基苯的制备原理

在装有搅拌器、回流冷凝器、温度计、氯化钙干燥管的四颈瓶中，加入二氯硝基苯 40g，二甲基亚砜（无水）73g，无水氟化钾 23g，升温到回流温度 194℃～198℃，在此温度下快速搅拌 1～1.5 小时，冷却至 50℃ 左右，加入 75ml 水，并充分搅拌，倒入分液漏斗中，静置分层，分出下层油状物，按水蒸气蒸馏装置进行水蒸气蒸馏，得淡黄色固体，过滤，水洗至中性，真空干燥，得 4 - 氟 - 3 - 氯 - 硝基苯。

3. 4-氟-3-氯苯胺的制备

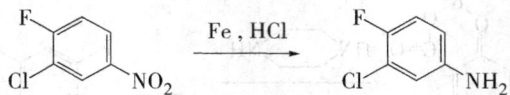

图2-4　4-氟-3-氯苯胺的制备原理

在装有搅拌器、回流冷凝器、温度计的三颈瓶中投入铁粉（60目）51.5g，水173ml，氯化钠4.3g，搅拌下于100℃活化10分钟，降温至85℃，快速搅拌，并加入一半4-氟-3-氯-硝基苯（30/2）g，温度自然升至95℃，10分钟后再加入另一半4-氟-3-氯-硝基苯（30/2）g，于95℃反应2小时，然后将反应液进行水蒸气蒸馏，馏出液中加冰，使产品固化完全，过滤，于30℃下干燥，得4-氟-3-氯苯胺（mp 44℃~47℃）。

4. 乙氧基次甲基丙二酸二乙酯（EMME）的制备

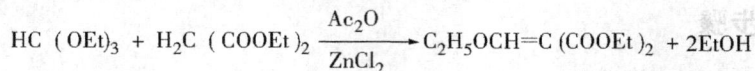

$$HC(OEt)_3 + H_2C(COOEt)_2 \xrightarrow[ZnCl_2]{Ac_2O} C_2H_5OCH=C(COOEt)_2 + 2EtOH$$

图2-5　乙氧基次甲基丙二酸二乙酯的制备原理

于装有搅拌器、温度计、滴液漏斗、蒸馏装置的四颈瓶中加入原甲酸三乙酯78g，丙二酸二乙酯30g，氯化锌0.1g，搅拌，加热，升温至120℃，蒸出乙醇。降温至70℃，于70℃~80℃内滴加第二批原甲酸三乙酯20g及醋酐6g，于0.5小时内滴完，然后升温到152℃~156℃保温反应2小时。然后冷却至室温，将反应液倒入圆底烧瓶中，真空泵减压回收原甲酸三乙酯（沸点140℃，70℃/5.3kPa），冷却到室温，减压蒸馏，收集（120℃~140℃/666Pa）馏分，得乙氧基次甲基丙二酸二乙酯，收率70%。

5. 6-氟-7-氯-1,4-二氢-4-氧-喹啉-3-羧酸乙酯的制备

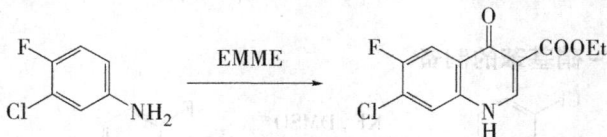

图2-6　6-氟-7-氯-1,4-二氢-4-氧-喹啉-3-羧酸乙酯的制备原理

在装有搅拌器、回流冷凝器、温度计装置的三颈瓶中分别投入4-氟-3-氯苯胺15g，乙氧基次甲基丙二酸二乙酯（EMME）24g，快速搅拌下加热到120℃，于120℃~130℃反应2小时，放冷至室温，将回流装置改成蒸馏装置，加入石蜡油80ml，加热到260℃~270℃，有大量乙醇生成，回收乙醇反应0.5小时，冷却到60℃以下过滤，滤饼分别用甲苯、丙酮洗至滤饼呈灰白色，烘干，测熔点（mp 297℃~298℃），计算收率。

6. 1-乙基-6-氟-7-氯-1,4-二氢-4-氧-喹啉-3-羧酸乙酯的制备

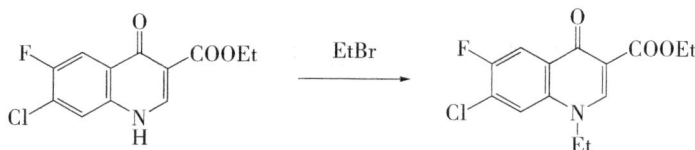

图2-7　1-乙基-6-氟-7-氯-1,4-二氢-4-氧-喹啉-3-羧酸乙酯的制备原理

在装有搅拌器、回流冷凝器、温度计、滴液漏斗的四颈瓶中，投入上述自制环合物25g，无水碳酸钾30.8g，DMF 125g，搅拌加热到70℃，于70℃~80℃，在40~60分钟内滴加溴乙烷25g，升温至100℃~110℃，保温6~8小时，反应完后，减压回收70%~80%的DMF，降温至50℃左右，加入200ml水，析出固体，过滤，水洗，干燥，得粗品，用乙醇重结晶。

7. 1-乙基-6-氟-7-氯-1,4-二氢-4-氧-喹啉-3-羧酸的制备

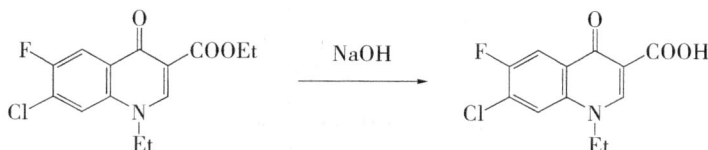

图2-8　1-乙基-6-氟-7-氯-1,4-二氢-4-氧-喹啉-3-羧酸的制备原理

在装有搅拌器、冷凝器、温度计的三颈瓶中，加入上述自制乙基物20g以及氢氧化钠5.5g和蒸馏水75g配成的碱液，加热至95℃~100℃，保温10分钟，冷却至50℃，加入125ml水稀释，用浓盐酸调pH至6，冷却至20℃，过滤，水洗，烘干，测熔点，若熔点低于270℃，需进行重结晶，再测熔点，计算收率。

8. 氟哌酸的制备

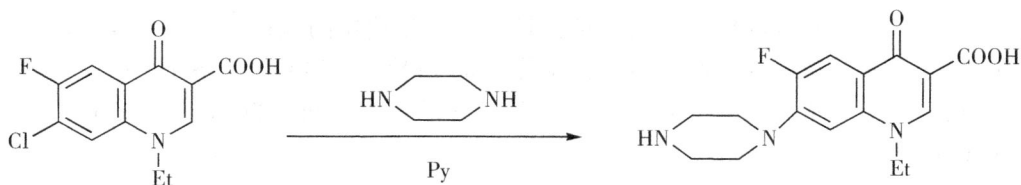

图2-9　氟哌酸的制备原理

在装有回流冷凝器、温度计及搅拌器的三颈瓶，投入上述自制水解物10g，无水哌嗪13g，吡啶65g，回流反应6小时，冷却到10℃，滤出，析出的固体烘干，称重，测熔点（mp 215℃~218℃）。

将上述粗品加入100ml水溶解，用冰醋酸调pH到7，滤得精品，烘干，测熔点（mp 216℃~220℃），计算收率及总收率。

实验三　氯霉素的制备

氯霉素（Chloramphenicol，3-1）曾广泛用于治疗各种敏感菌感染，后因对造血系统有严重不良反应，故对其临床应用现已做出严格控制。氯霉素对伤寒、副伤寒和立克次体病等及敏感菌所致的严重感染有特效作用，在脑脊液中浓度较高，也常用于治疗其他药物疗效较差的脑膜炎患者。由于氯霉素可引起严重的毒副作用，故临床仅用于敏感伤寒菌株引起的伤寒感染、流感杆菌感染、重症脆弱拟杆菌感染、脑脓肿、肺炎链球菌或脑膜炎球菌性脑膜炎同时对青霉素过敏的患者。

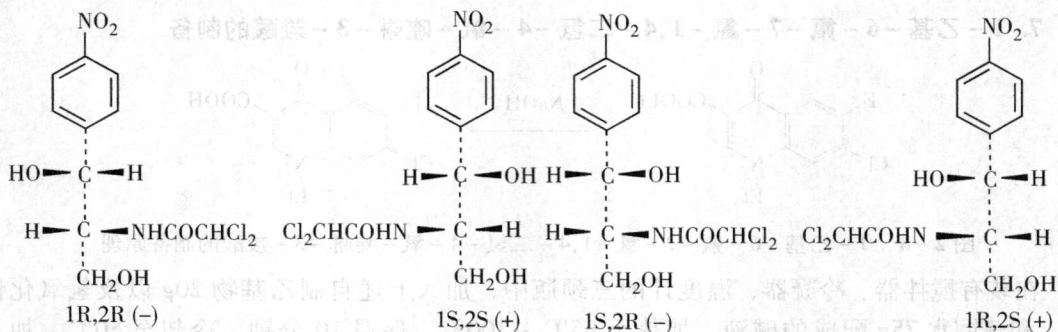

$$
\begin{array}{cccc}
\text{1R,2R (−)} & \text{1S,2S (+)} & \text{1S,2R (−)} & \text{1R,2S (+)}
\end{array}
$$

（3-1）氯霉素

氯霉素的化学名为 1R,2R-（−）-1-对硝基苯基-2-二氯乙酰胺基-1,3-丙二醇。氯霉素分子中有两个手性碳原子，故有四个旋光异构体（3-1）。四个异构体中仅 1R,2R（−）[或 D（−）苏阿糖型] 有抗菌活性，为临床使用的氯霉素。氯霉素为白色或微黄色的针状、长片状结晶或结晶性粉末，味苦。mp 149℃~153℃。易溶于甲醇、乙醇、丙酮或丙二醇，微溶于水。比旋度为 $[\alpha]^{25} +25° \sim +25.5°$（乙酸乙酯）；$[\alpha]_D^{25} +18.5° \sim +21.5°$（无水乙醇）。

一、实验目的

1. 熟悉溴化、乙酰化、羟甲基化、水解、拆分、二氯乙酰化等反应的原理。
2. 掌握各步反应的基本操作和终点的控制。
3. 熟悉氯霉素及其中间体的立体化学。
4. 了解结晶法拆分外消旋体的原理，熟悉操作过程。
5. 掌握利用旋光仪测定光学异构体质量的方法。

二、实验原理

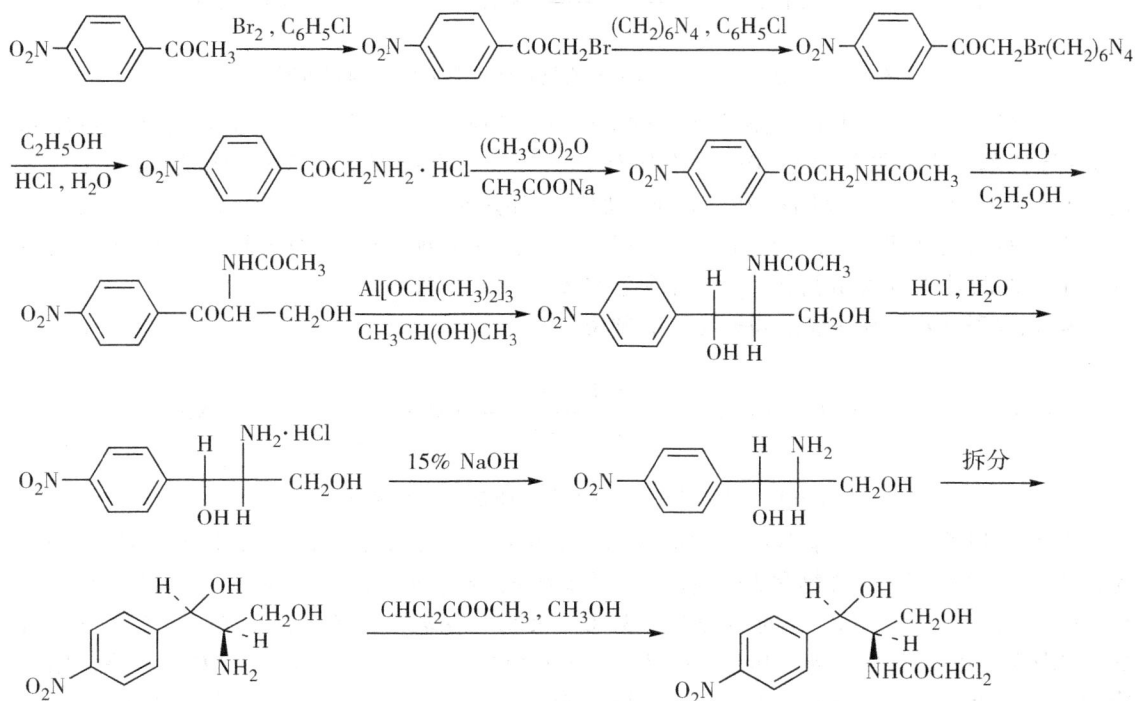

图 3 – 1　氯霉素实验的制备原理

三、实验步骤

1. 对硝基 – α – 溴代苯乙酮的制备

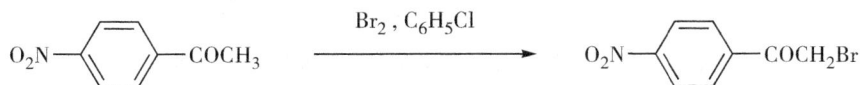

图 3 – 2　对硝基 – α – 溴代苯乙酮的制备原理

在装有搅拌器、温度计、冷凝管、滴液漏斗的 250ml 四颈瓶中，加入对硝基苯乙酮 10g，氯苯 75ml，于 25℃ ～28℃搅拌使溶解。从滴液漏斗中滴加溴 9.7g。首先滴加溴 2～3 滴，反应液即呈棕红色，10 分钟内褪成橙色表示反应开始；继续滴加剩余的溴，1～1.5 小时加完，继续搅拌 1.5 小时，反应温度保持在 25℃ ～28℃。反应完毕，真空泵减压抽去溴化氢约 30 分钟，得对硝基 – α – 溴代苯乙酮的氯苯溶液，备用。

2. 对硝基－α－溴化苯乙酮六亚甲基四胺盐的制备

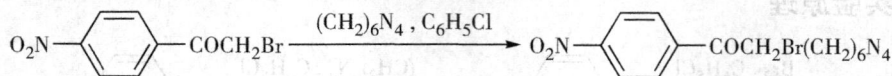

$$O_2N—⬡—COCH_2Br \xrightarrow{(CH_2)_6N_4, C_6H_5Cl} O_2N—⬡—COCH_2Br(CH_2)_6N_4$$

图 3 – 3　对硝基－α－溴化苯乙酮六亚甲基四胺盐的制备原理

在装有搅拌器、温度计、滴液漏斗的 250ml 三颈瓶中，依次加入上步制备好的对硝基－α－溴代苯乙酮的氯苯溶液 20ml，冷却至 15℃ 以下，在搅拌下加入六亚甲基四胺（乌洛托品）粉末 8.5g，温度控制在 28℃ 以下，加毕，加热至 35℃～36℃，保温反应 1 小时，测定终点。如反应已到终点，继续在 35℃～36℃ 反应 20 分钟，即得对硝基－α－溴代苯乙酮六亚甲基四胺盐（简称成盐物），然后冷至 16℃～18℃，备用。

3. 对硝基－α－氨基苯乙酮盐酸盐的制备

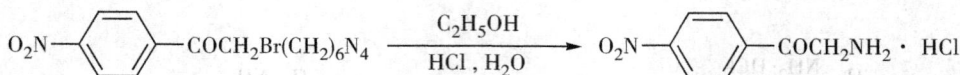

$$O_2N—⬡—COCH_2Br(CH_2)_6N_4 \xrightarrow[HCl, H_2O]{C_2H_5OH} O_2N—⬡—COCH_2NH_2 \cdot HCl$$

图 3 – 4　对硝基－α－氨基苯乙酮盐酸盐的制备原理

在上步制备的成盐物氯苯溶液中加入精制氯化钠 3g，浓盐酸 17.2ml，冷至 6℃～12℃，搅拌 3～5 分钟，使成盐物呈颗粒状，待氯苯溶液澄清分层，分出氯苯。立即加入乙醇 37.7ml，搅拌，加热，0.5 小时后升温到 32℃～35℃，保温反应 5 小时。冷至 5℃ 以下，过滤，滤饼转移到烧杯中加水 19ml，在 32℃～36℃ 搅拌 30 分钟，再冷至 －2℃，过滤，用预冷到 2℃～3℃ 的乙醇 6ml 洗涤，抽干，得对硝基－α－氨基苯乙酮盐酸盐（简称水解物，mp 250℃），备用。

4. 对硝基－α－乙酰胺基苯乙酮的制备

$$O_2N—⬡—COCH_2NH_2 \cdot HCl \xrightarrow[CH_3COONa]{(CH_3CO)_2O} O_2N—⬡—COCH_2NHCOCH_3$$

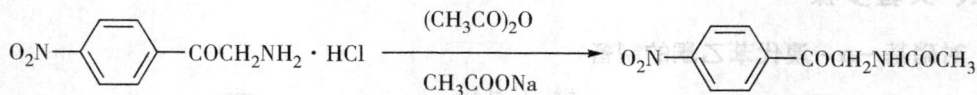

图 3 – 5　对硝基－α－乙酰胺基苯乙酮的制备原理

在装有搅拌器、回流冷凝器、温度计和滴液漏斗的 250ml 四颈瓶中，放入上步制得的水解物及水 20ml，搅拌均匀后冷至 0℃～5℃。在搅拌下加入醋酐 9ml。另取 40% 的醋酸钠溶液 29ml，用滴液漏斗在 30 分钟内滴入反应液中，滴加时反应温度不超过 15℃。滴毕，升温到 14℃～15℃，搅拌 1 小时（反应液始终保持在 pH 3.5～4.5），再补加醋酐 1ml，搅拌 10 分钟，测定终点。如反应已完全，立即过滤，滤饼用冰水搅成糊状，过滤，用饱和碳酸氢钠溶液中和至 pH 7.2～7.5，抽滤，再用冰水洗至中性，抽干，得淡黄色结晶（简称乙酰化物，mp 161℃～163℃）。

5. 对硝基 – α – 乙酰胺基 – β – 羟基苯丙酮的制备

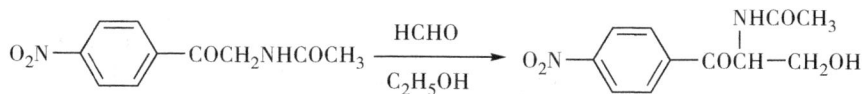

图 3 – 6　对硝基 – α – 乙酰胺基 – β – 羟基苯丙酮的制备原理

在装有搅拌器、回流冷凝管、温度计的 250ml 三颈瓶中，投入乙酰化物及乙醇 15ml，甲醛 4.3ml，搅拌均匀后用少量 NaHCO₃ 饱和溶液调 pH 至 7.2 ~ 7.5。搅拌下缓慢升温，大约 40 分钟达到 32℃ ~ 35℃，再继续升温至 36℃ ~ 37℃，直到反应完全。迅速冷却至 0℃，过滤，用 25ml 冰水分次洗涤，抽滤，干燥得对硝基 – α – 乙酰胺基 – β – 羟基苯丙酮（简称缩合物，mp 166℃ ~ 167℃）。

6. 异丙醇铝的制备

在装有搅拌器、回流冷凝管、温度计的三颈瓶中依次投入剪碎的铝片 2.7g，无水异丙醇 63ml 和无水三氯化铝 0.3g。在油浴上回流加热至铝片全部溶解，冷却到室温，备用。

7. DL – 苏阿糖型 – 1 – 对硝基苯基 – 2 – 氨基 – 1,3 – 丙二醇的制备

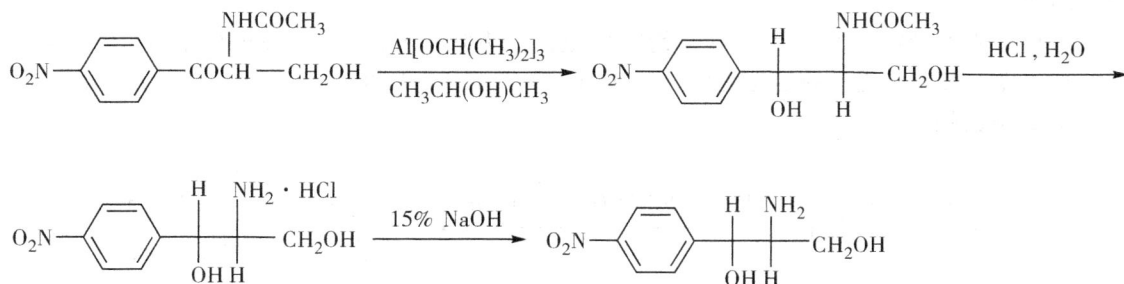

图 3 – 7　DL – 苏阿糖型 – 1 – 对硝基苯基 – 2 – 氨基 – 1,3 – 丙二醇的制备原理

在上步制备异丙醇铝的三颈瓶中加入异丙醇铝 1.35g，加热到 44℃ ~ 46℃，搅拌 30 分钟。降温到 30℃，加入缩合物 10g。然后缓慢加热，约 30 分钟内升温到 58℃ ~ 60℃，继续反应 4 小时。冷却到 10℃ 以下，滴加浓盐酸 70ml。滴毕，加热到 70℃ ~ 75℃，水解 2 小时（最后 0.5 小时加入活性炭脱色），趁热过滤，滤液冷至 5℃ 以下，放置 1 小时。过滤析出的固体，用少量 20% 盐酸（预冷至 5℃ 以下）8ml 洗涤。然后将固体溶于 12ml 水中，加热到 45℃，滴加 15% NaOH 溶液到 pH 6.5 ~ 7.6。过滤，滤液再用 15% NaOH 调 pH 至 8.4 ~ 9.3，冷却至 5℃ 以下，放置 1 小时。抽滤，用少量冰水洗涤，干燥，得 DL – 苏阿糖型 – 1 – 对硝基苯基 – 2 – 氨基 – 1,3 – 丙二醇（DL – 氨基物，mp 143℃ ~ 145℃）。

8. D-（-）-1-对硝基苯基-α-氨基-1,3-丙二醇的制备

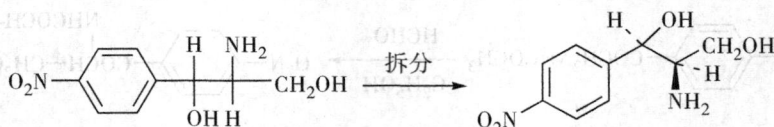

图3-8 D-（-）-1-对硝基苯基-α-氨基-1,3-丙二醇的制备原理

（1）拆分：在装有搅拌器、温度计、滴液漏斗的250ml三颈瓶中投入DL-氨基物5.3g，L-氨基物2.1g，DL-氨基物盐酸盐16.5g和蒸馏水78ml。搅拌，水浴加热，保持温度在61℃~63℃，反应约20分钟，使固体全部溶解。然后缓慢自然冷却至45℃，开始析出结晶。再在70分钟内缓慢冷却至29℃~30℃，迅速抽滤，用热蒸馏水3ml（70℃）洗涤，抽干，干燥，得微黄色结晶（L-氨基物粗品，mp 157℃~159℃）。滤液中再加入DL-氨基物4.2g，按上法重复操作，得D-氨基物粗品。

（2）精制：在100ml烧杯中加入D-或L-氨基物4.5g，1mol/L稀盐酸25ml。加热到30℃~35℃使溶解，加活性炭脱色，趁热过滤。滤液用15% NaOH溶液调至pH 9.3，析出结晶。再在30℃~35℃保温10分钟，抽滤，用蒸馏水洗至中性，抽干，干燥，得白色结晶（mp 160℃~162℃）。

（3）旋光度测定：取本品2.4g，精密称定，置100ml容器中加1mol/L盐酸（不需标定）至刻度，按照旋光度测定法测定，应为（+）/（-）1.36°~（+）/（-）1.40°。

9. 氯霉素的制备

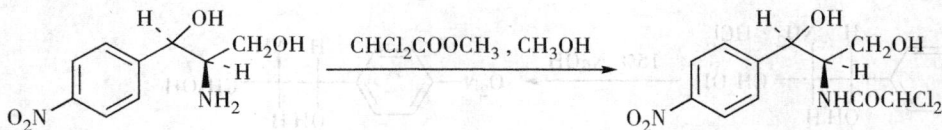

图3-9 氯霉素的制备原理

在装有搅拌器、回流冷凝器、温度计的100ml三颈瓶中，加入D-氨基物4.5g，甲醇10ml和二氯乙酸甲酯3ml。在60℃~65℃搅拌反应1小时，随后加入活性炭0.2g，保温脱色3分钟，趁热过滤，向滤液中滴加蒸馏水（每分钟约1ml的速度滴加）至有少量结晶析出时停止加水，稍停片刻，继续加入剩余蒸馏水（共33ml）。冷却至室温，放置30分钟，抽滤，滤饼用4ml蒸馏水洗涤，抽干，105℃干燥，即得氯霉素（mp 149.5℃~153℃）。

实验四　去氧氟尿苷制备工艺

去氧氟尿苷（doxifluridine，4－1）为抗肿瘤药物氟尿嘧啶的衍生物，在肿瘤组织中受嘧啶核苷磷酰化酶的作用转化为游离的氟尿嘧啶，从而抑制 DNA、RNA 的生物合成，产生抗肿瘤作用，临床上用于治疗胃癌、结肠直肠癌、乳腺癌。本品具有选择性高、毒性低等特点。

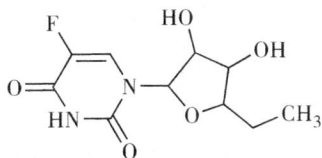

（4－1）　去氧氟尿苷

本品为白色针状结晶或结晶性粉末。易溶于水，不溶于乙酸乙酯，mp 189℃～190℃，$[\alpha]_{365}^{25}$ +163.2°（$C=1.0$g/ml，H_2O）。

一、实验目的

了解以 5－氟尿嘧啶为原料，经醚化、缩合、皂化、成醇、碘化、氢解及水解等反应制备去氧氟尿苷的原理和过程。

二、实验原理

以 5－氟尿嘧啶为原料经硅醚化、四乙酰核糖缩合、皂化、酮缩醇形成、碘化、氢解及水解等反应制备去氧氟尿苷。本制备工艺对 Scott Jw 等报告的工艺作了改进，从而使工艺更加简便，条件更加缓和，原料易得，成本低，总效率可达 54.6%，曾进行了公斤级的扩大试制，效果较为满意。

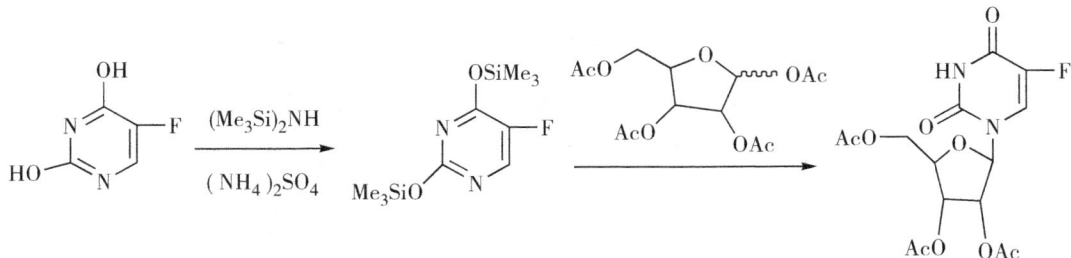

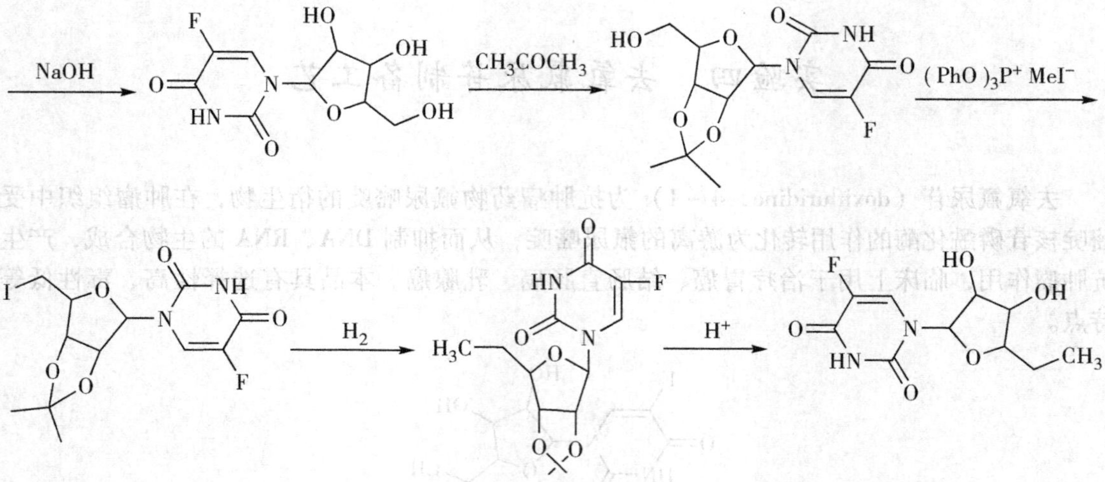

图 4 - 1 去氧氟尿苷实验的制备原理

三、实验步骤

1. 2,4 - 二（三甲基硅基） - 5 - 氟尿嘧啶的合成

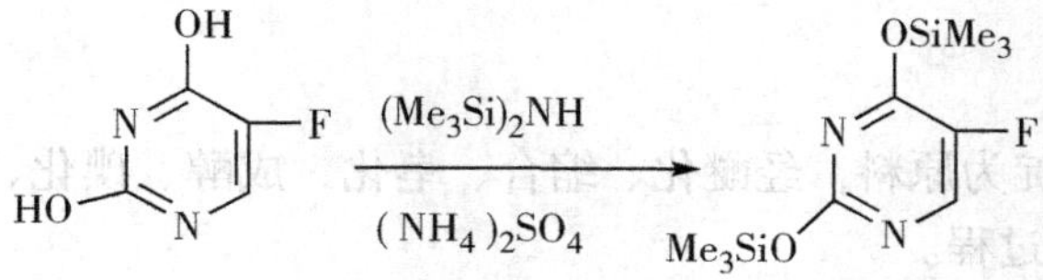

图 4 - 2 2,4 - 二（三甲基硅基） - 5 - 氟尿嘧啶的制备原理

取化合物 5 - 氟尿嘧啶 2g（15.38mmol）、六甲基二硅胺 6g（37.04mmol）、硫酸铵 0.02g（0.15mmol）置 50ml 反应瓶中，加热回流 7 小时后，于 60℃ ~80℃ 减压蒸出未反应的六甲基二硅胺，得淡黄色的油状物，冷至室温后用甲醇稀释至 10ml，备用。

2. 2′,3′,5′ - 三乙酰 - 5 - 氟尿嘧啶核苷的合成

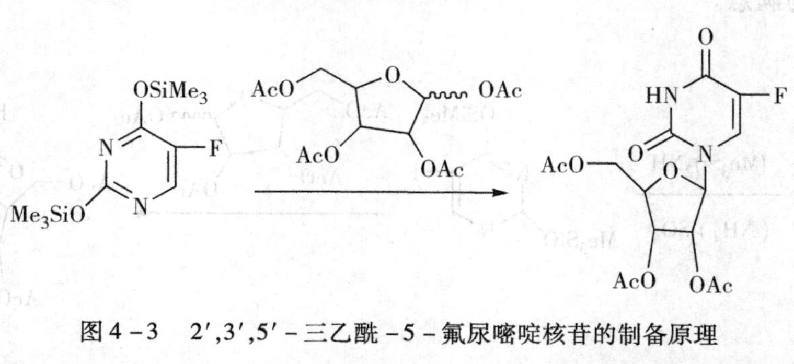

图 4 - 3 2′,3′,5′ - 三乙酰 - 5 - 氟尿嘧啶核苷的制备原理

将四乙酰核糖 4g（12.58mmol）及二氯甲烷 25ml 投入上述反应瓶中搅拌 15 分钟，向反

应瓶中滴加溶有 2.2g（16.4mmol）三氯化铝的二氯甲烷溶液 1.8ml，滴加速度以控制温度不超过 30℃为宜，滴加时间约 45 分钟，总反应时间 2 小时。

在搅拌下慢慢向反应瓶中加水 1ml，搅拌 20 分钟，边搅拌边加入碳酸氢钠 8g，以反应液不外溢为宜，调至 pH 6.5 ± 0.1，停止搅拌，抽滤，滤饼用二氯甲烷洗涤（5ml×4）。合并滤液与洗涤液，加热至 50℃ ~ 70℃，回收二氯甲烷后，残留物 2′,3′,5′-三乙酰-5-氟尿嘧啶核苷为糖浆状，无需精制，可直接供下步反应使用。

3. 5-氟尿嘧啶核苷的合成

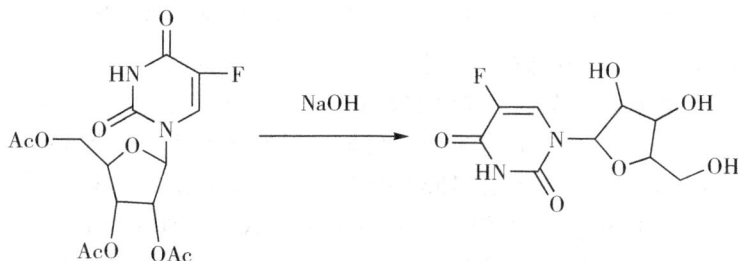

图 4-4　5-氟尿嘧啶核苷的制备原理

向 2′,3′,5′-三乙酰-5-氟尿嘧啶核苷糖浆状物中加入甲醇 30ml，加热至溶解。将 NaOH（0.8g）的甲醇（10ml）溶液加入反应瓶，搅拌均匀后放置 2 小时。反应至薄层层析（TLC）[乙酸乙酯-甲醇-水（70：40：5）] 检测为单一斑点（$R_f \approx 0.6$）。在搅拌下缓缓滴加浓硫酸 0.53ml（19mmol）。抽滤，滤饼用甲醇洗涤（5ml×4），合并滤液与洗涤液，于 50ml 反应瓶中加热至 60℃ ~ 80℃，减压（80 ~ 96kPa）回收甲醇，浓缩得干的白色固体（5-氟尿嘧啶核苷），无需精制直接用于下步反应。

4. 2′,3′-异亚丙基-5-氟尿嘧啶核苷的合成

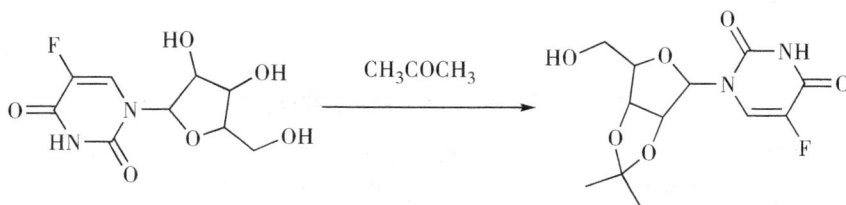

图 4-5　2′,3′-异亚丙基-5-氟尿嘧啶核苷的制备原理

向白色固体（5-氟尿嘧啶核苷）中加入丙酮 40ml，在搅拌下缓缓加入浓硫酸 0.3ml，回流至反应瓶中固体溶解。加无水硫酸铜 3.0g，继续回流 8 小时后，TLC [乙酸乙酯-甲醇-水（70：40：5）] 检测 5-氟尿嘧啶核苷基本消失。分批加入碳酸钠 2.4g 调至中性，控制加入速度，以反应液不外溢为宜。滤除无机盐，并用 10ml 丙酮洗涤，合并滤液和洗涤液，加热至 70℃ ~ 80℃，回收丙酮，残留物用甲醇 6ml、水 6ml 加热溶解，趁热过滤，滤液冷冻结晶，得长针状 2′,3′-异亚丙基-5-氟尿嘧啶核苷晶体 3.05g（mp 220℃ ~ 202℃），收率 80.3%。

5. 2′,3′-异亚丙基-5′-碘代-5-氟尿嘧啶核苷的合成

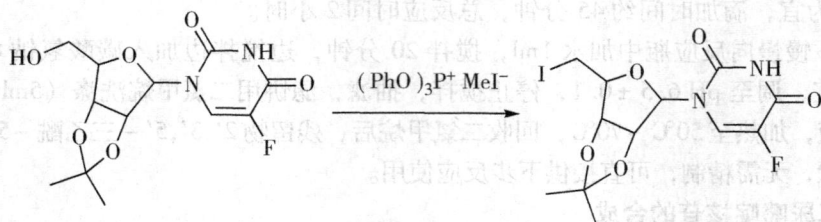

图 4-6　2′,3′-异亚丙基-5′-碘代-5-氟尿嘧啶核苷的制备原理

将 2′,3′-异亚丙基-5-氟尿嘧啶核苷 3.05g（10.1mmol）和 DMF 9.15ml 投至 50ml 反应瓶中，溶解后再加亚磷酸三苯酯-碘甲烷 6.1g（13.5mmol），于 25℃~40℃ 搅拌 4 小时，TLC［二氯甲烷-甲醇（9∶1）］跟踪反应。再加入甲醇 6.1ml，继续搅拌 30 分钟。将反应液转置 50ml 分液漏斗中，加二氯甲烷 15ml 和 2% 亚硫酸钠溶液 10ml，剧烈振摇 10 分钟，弃水层。有机层用水（20ml×3）洗涤，浓缩（60℃~70℃，80~96kPa）至 1/3 体积，放置过夜结晶，抽滤得短针状 2′,3′-异亚丙基-5′-碘代-5-氟尿嘧啶核苷晶体。母液重复前述后处理操作 2 次，合并得晶体 2′,3′-异亚丙基-5′-碘代-5-氟尿嘧啶核苷 3.4g（mp 203℃~204℃），收率 81.7%。

6. 2′,3′-异亚丙基-5-氟尿嘧啶核苷的合成

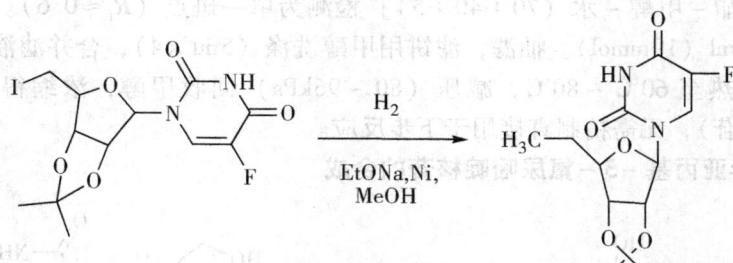

图 4-7　2′,3′-异亚丙基-5-氟尿嘧啶核苷的制备原理

将 2′,3′-异亚丙基-5′-碘代-5-氟尿嘧啶核苷 3.4g（8.25mmol）、乙酸钠 3.4g（41.5mmol）、骨架镍 1g 和甲醇 20ml 投入氢化瓶中，抽出瓶中空气，充入氢气洗涤两次。常温常压搅拌反应 5 小时，不再吸收氢时停止搅拌，静置 20 分钟，抽取上清液，并用甲醇（5ml×2）洗涤，合并洗液，抽滤。滤液加热至 70℃~80℃，减压（80~96kPa）浓缩至有大量晶体出现。加水 10ml、二氯甲烷 10ml，于 50℃ 保温搅拌 1 小时，转置 50ml 分液漏斗中，剧烈振摇 20 分钟，水层用二氯甲烷（2ml×3）萃取。合并二氯甲烷相，无水硫酸钠干燥。于 60℃~70℃ 蒸除二氯甲烷，得无色透明糖浆状 2′,3′-异亚丙基-5-氟尿嘧啶核苷。无需精制，直接用于下步反应。

7. 去氧氟尿苷的合成

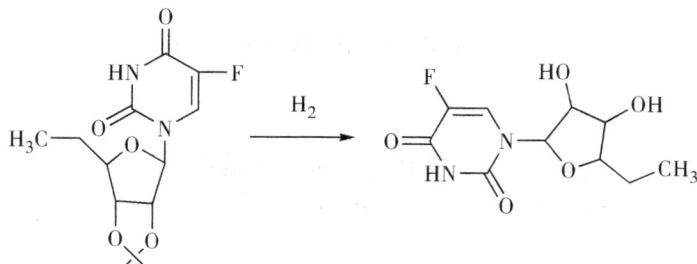

图 4 - 8　去氧氟尿苷的制备原理

　　用甲醇 10ml 溶解上步所得 2′,3′ - 异亚丙基 - 5 - 氟尿嘧啶核苷，投入 50ml 反应瓶中，加入硫酸 0.3ml、甲醇 30ml，回流 1.5 小时，TLC［二氯甲烷 - 甲醇（9∶1）］跟踪反应。以石灰乳中和，调至 pH 5～6，滤除无机盐。滤液加热至 70℃～80℃，减压浓缩至干。加二氯甲烷 10ml 回流 1 小时，冷却，过滤，晒干得粗品约 1.83g，用无水乙醇 33ml 重结晶得白色针状化合物约 1.52g。母液浓缩后所得结晶经重结晶得化合物去氧氟尿苷（mp 190℃～192℃）0.17g，共得产物 1.69g，收率 83.18%，总收率为 54.6%。

实验五　邻氟苯丙酮的制备工艺

　　邻氟苯丙酮（5-1）是合成新型抗瘫药和肌肉松弛剂 2-甲基-1-（2-氟苯基）-3-哌啶基-1-丙酮的关键中间体，该药在国外已用于临床。

　　邻氟苯丙酮为无色液体，折光率 1.5043，密度 1.102。

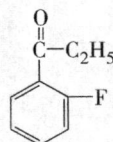

（5-1）邻氟苯丙酮

一、实验目的

　　掌握邻氟苯丙酮的制备方法。

二、实验原理

　　该实验原理是从邻甲基苯胺出发，经 Schiemann 反应制得邻氟甲苯，再经过侧链氯化和水解得到邻氟苯甲酸，通过 Grignard 反应得到邻氟苯丙醇，经过氧化制得邻氟苯丙酮。（如图 5-1）

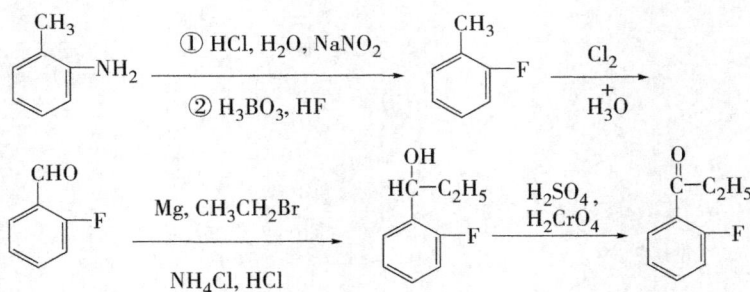

图 5-1　邻氟苯丙酮实验的制备原理

三、实验步骤

1. 邻氟甲苯的制备

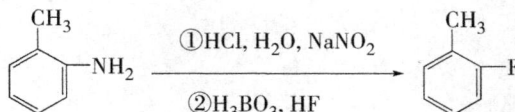

图 5-2　邻氟甲苯的制备原理

　　在装有搅拌器、回流冷凝器、温度计的三颈瓶中，加入浓盐酸 165ml，在搅拌下加入邻甲苯胺 107g（1mol），搅拌加热至固体全部溶解后，冷却至 0℃，滴加 1.1mol 亚硝酸钠与

100ml 水的溶液（简称重氮盐溶液），温度不超过 4℃，用碘化钾－淀粉试纸检测终点，过量的亚硝酸钠用氨基磺酸去除。

另制备 1.3mol 的氟硼酸（硼酸加氟化氢），冷却到 0℃（留 50ml 作洗涤用），在搅拌下倒入制好的冰冷的上述重氮盐溶液中，搅拌 2 分钟后抽滤，滤饼分别用冷的氟硼酸 50ml、95% 乙醇溶液、乙醚（50ml×2）洗涤，抽干后晾干，真空干燥（不加热）。进行热分解，馏出物用 10% 氢氧化钠（20ml×3），水（2ml×2）洗涤，无水碳酸钠干燥，常压精馏收集 113℃～115℃ 的无色液体（71.59g），收率约 65%。

2. 邻氟苯甲醛的制备

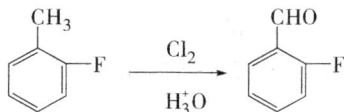

图 5-3 邻氟甲苯醛的制备原理

将 55g（0.5mol）邻氟甲苯、0.25g 过氧化苯甲酰，加热至 110℃ 回流，在光照下通入氯气，调节热源以保持微沸，6 小时后沸点为 180℃增重 25g，继续通氯气，2 小时后升温到 190℃（增重 35g）时，停止通氯气。通入氮气除去氯化氢，减压精馏，于 82℃～86℃/5.3kPa 蒸出"一氯化物"，剩下的"二氯化物"和"三氯化物"不分离，直接水解。

将上述"二氯化物"、氧化锌 1g 溶于水 300ml，回流 1 小时后，利用水分分离器分出比水重的乳白色油状物，用二氯甲烷（50ml×2）萃取，并用 10% 的碳酸钠溶液洗涤，无水硫酸镁干燥。常压精馏收集 110℃～115℃/101.3kPa 产物，得无色液体邻氟苯甲醛（45.5g），收率约 80%。

3. 邻氟苯丙醇的制备

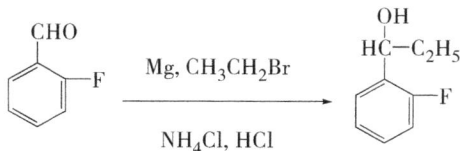

图 5-4 邻氟苯丙醇的制备原理

将 12.4g 邻氟甲醛、2.6g（0.11mol）镁屑和 5ml 无水乙醚，搅拌下滴入溴乙烷 12g（0.1mol）和 20g 无水乙醚的混合液，保持溶液微沸，加完后回流 1 小时，冷却，搅拌下滴加氯化铵（15g）的饱和溶液以分解产物，加入 50ml 50% 盐酸溶液使固体全部溶解。分出醚层，水层用乙醚（50ml×2）萃取，合并乙醚层，用碳酸钠溶液、水洗涤，无水硫酸镁干燥，减压精制，收集 95℃～99℃/2.5kPa 馏分，得无色液体邻氟苯丙醇（13.7g），收率约为 90.4%。

4. 邻氟苯丙酮的制备

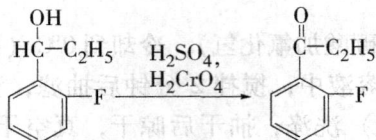

图 5-5   邻氟苯丙酮的制备原理

将 9g（0.058mol）邻氟苯丙醇放入三颈瓶中，搅拌下滴入 80ml 水，3ml 硫酸和 8g（0.08mol）铬酸混合液。温度保持 45℃左右，反应 3 小时后加入 500ml 水，分出油层，水层用二氯甲烷（50ml×3）萃取，合并油状物，用饱和碳酸氢钠溶液（50ml×3）洗涤，无水硫酸镁干燥，蒸去二氯甲烷，得目标化合物邻氟苯丙酮，收率约为 92.6%。

实验六 苯妥英钠的制备工艺

苯妥英钠（phenytoin sodium，6－1）为抗癫痫、抗心律失常药。治疗剂量不引起镇静催眠作用，对超强电休克、惊厥的强直相有选择性对抗作用，而对阵挛相无效或反而加剧，故其对癫痫大发作有良效，而对失神性发作无效。适于治疗癫痫大发作，也可用于三叉神经痛，及某些类型的心律不齐。

（6－1）苯妥英钠

苯妥英钠的化学名为5,5－二苯基乙内酰脲钠，又名大伦丁钠（dilantin sodium）。本品为白色粉末，无臭，味苦，有吸湿性；易溶于水，溶于乙醇，几不溶于乙醚和氯仿。水溶液显碱性反应，因水解而显浑浊。苯妥英钠可在空气中渐渐吸收二氧化碳分解为苯妥英（mp 295～598℃，不溶于水，无臭，味苦）。

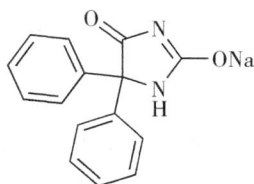

一、实验目的

1. 掌握安息香缩合反应的原理和应用维生素 B_1 及氰化钠为催化剂进行反应的实验方法。
2. 掌握有害气体的排出方法。
3. 掌握二苯羟乙酸重排反应机理。
4. 掌握用硝酸氧化的实验方法。

二、实验原理

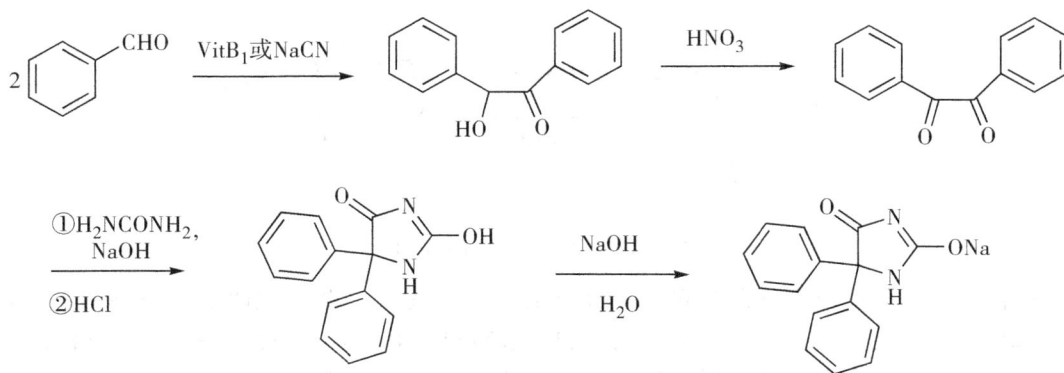

图6－1 苯妥英钠实验的制备原理

三、实验步骤

1. 安息香的制备

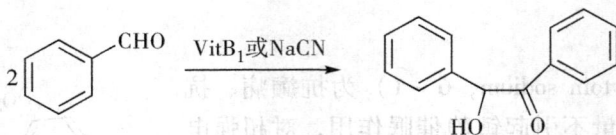

图 6 - 2　安息香的制备原理

在 100ml 三颈瓶中加入 3.5g 盐酸硫胺（VitB₁）和 8ml 水，溶解后加入 95% 乙醇 30ml。搅拌下滴加 2mol/L NaOH 溶液 10ml。再取新蒸苯甲醛 20ml，加入上述反应瓶中。水浴加热至 70℃ 左右反应 1.5 小时。冷却，抽滤，用少量冷水洗涤。干燥后得粗品。测定熔点（mp 136℃ ~137℃），计算收率。

2. 二苯乙二酮（联苯甲酰）的制备

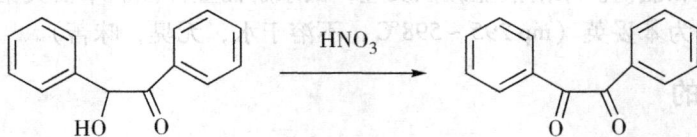

图 6 - 3　二苯乙二酮的制备原理

取 8.5g 粗制的安息香和 25ml 硝酸（65% ~68%，bp122℃）置于 100ml 圆底烧瓶中，安装冷凝器和气体连续吸收装置，低压加热并搅拌，逐渐升高温度，直至二氧化氮逸去（约 1.5 ~2 小时）。反应完毕，在搅拌下趁热将反应液倒入盛有 150ml 冷水的烧杯中，充分搅拌，直至油状物变为黄色固体全部析出。抽滤，结晶用水充分洗涤至中性，干燥，得粗品。用四氯化碳重结晶（1∶2），也可用乙醇重结晶（1∶25），mp 94℃ ~96℃。

3. 苯妥英的制备

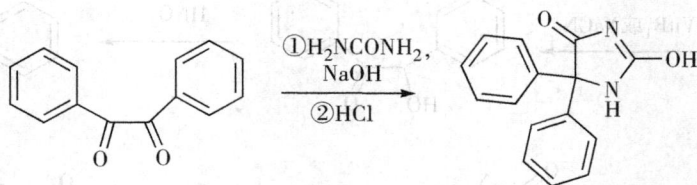

图 6 - 4　苯妥英的制备原理

在装有搅拌器及球型冷凝器的 250ml 圆底瓶中，投入二苯乙二酮 8g，尿素 3g，15% NaOH 25ml，95% 乙醇 40ml，开动搅拌，加热回流反应 60 分钟。反应完毕，反应液倾入到 250ml 水中，加入 1g 醋酸钠，搅拌后放置 1.5 小时，抽滤。滤除黄色二苯乙炔二脲沉淀。滤液用 15% 盐酸调 pH 6，放置析出结晶，抽滤，结晶用少量水洗，得白色苯妥英粗品（mp 295℃ ~299℃）。

4. 苯妥英钠（成盐）的制备与精制

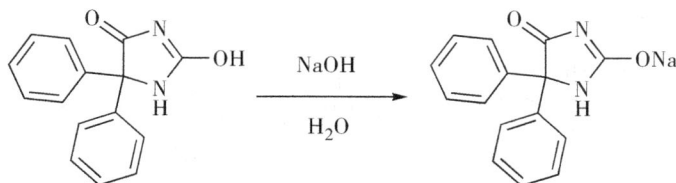

图 6-5　苯妥英钠的制备原理

将与苯妥英粗品等摩尔的氢氧化钠（先用少量蒸馏水将固体氢氧化钠溶解）置 100ml 烧杯中后加入苯妥英粗品，水浴加热至 40℃，使其溶解，加活性炭少许，在 60℃下搅拌加热 5 分钟，趁热抽滤，在蒸发皿中将滤液浓缩至原体积的三分之一。冷却后析出结晶，抽滤。沉淀用少量冷的 95% 乙醇 - 乙醚（1:1）混合液洗涤，抽干，得苯妥英钠，真空干燥，称重，计算收率。

附：苯妥英锌的制备工艺

苯妥英锌（phenytoin - Zn，6 - 2）化学名为 5,5 - 二苯基乙内酰脲锌，本品为白色粉末，微溶于水，不溶于乙醇、氯仿、乙醚，mp 222℃ ~ 227℃（分解），为抗癫痫药，用于治疗癫痫大发作，也可用于三叉神经痛。

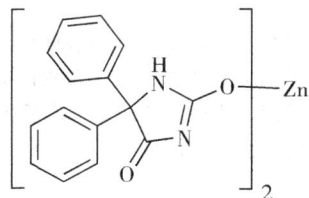

（6 - 2）　苯妥英锌

（一）实验目的

1. 掌握二苯羟乙酸重排反应机理。
2. 掌握用三氯化铁氧化的实验方法。

（二）实验原理

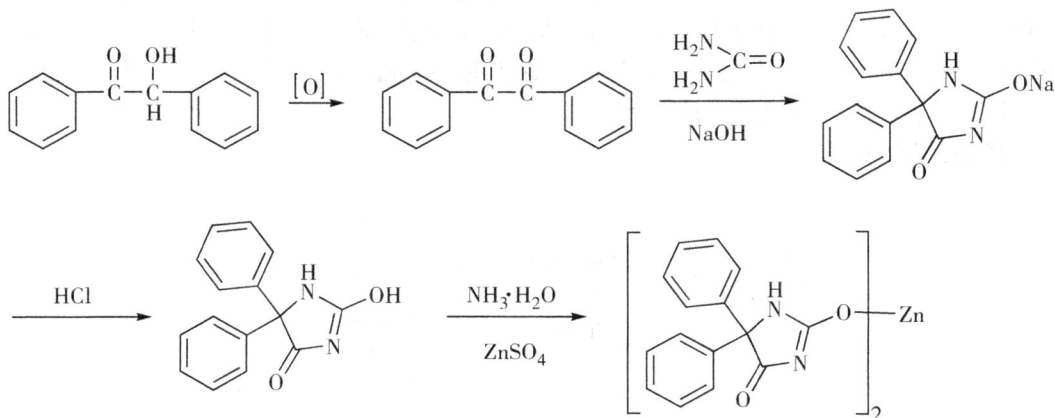

图 6 - 6　苯妥英锌实验的制备原理

（三）实验步骤

1. 联苯甲酰的制备

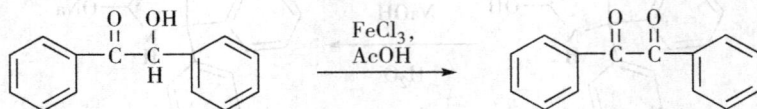

图 6-7　联苯甲酰的制备原理

在装有球形冷凝器的 250ml 圆底烧瓶中，依次加入 $FeCl_3 \cdot 6H_2O$ 14g，冰醋酸 15ml，水 6ml 及沸石 1 粒，在石棉网上直火加热沸腾 5 分钟。稍冷，加入安息香 2.5g 及沸石 1 粒，加热回流 50 分钟。稍冷，加水 50ml，沸石 1 粒，再加热至沸腾，将反应液倾入 250ml 烧杯中，搅拌，放冷，析出黄色固体，抽滤。结晶用少量水洗，干燥，得粗品，测熔点，计算收率。

注：

（1）该实验采用的是盐酸硫胺催化制备。

（2）安息香也可采用室温放置的方法制备，即将上述原料依次加入到 100ml 三角瓶中，室温放置有结晶析出，抽滤，用冷水洗涤。干燥后得粗品。测定熔点，计算收率。

2. 苯妥英的制备

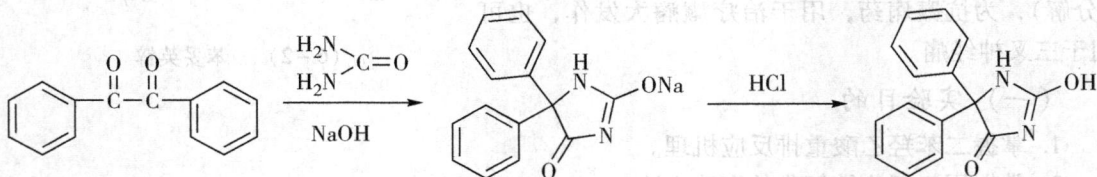

图 6-8　苯妥英的制备原理

在装有球形冷凝器的 100ml 圆底烧瓶中，依次加入联苯甲酰 2g，尿素 0.7g，20% 氢氧化钠 6ml，50% 乙醇 10ml 及沸石 1 粒，直火加热，回流反应 30 分钟，然后加入沸水 60ml，活性炭 0.3g，煮沸脱色 10 分钟，放冷过滤，滤液用 10% 盐酸调 pH 6，析出结晶，抽滤。结晶用少量水洗，干燥，得粗品，计算收率。

3. 苯妥英锌的制备

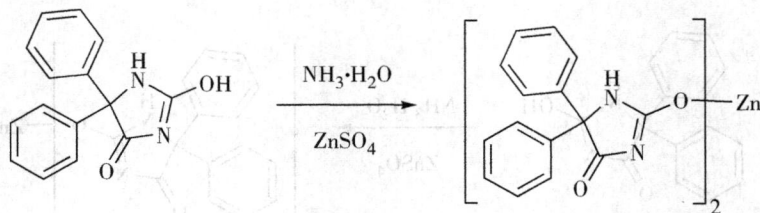

图 6-9　苯妥英锌的制备原理

　　将苯妥英 0.5g 置于 50ml 烧杯中，加入氨水（15ml $NH_3 \cdot H_2O$ + 10ml H_2O），尽量使苯妥英溶解，如有不溶物抽滤除去。另取 0.3g $ZnSO_4 \cdot 7H_2O$ 加 3ml 水溶解，然后加到苯妥英氨水溶液中，析出白色沉淀，抽滤，结晶用少量水洗，干燥，得苯妥英锌，称重，测分解点，计算收率。

实验七　地巴唑制备工艺

地巴唑（dibazole，7-1）为降压药，对血管平滑肌有直接松弛作用，使血压略有下降。可用于轻度的高血压和脑血管痉挛等。

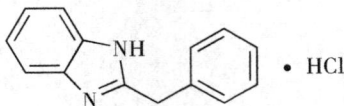

（7-1）　地巴唑

本品化学名为 α-苄基苯并咪唑盐酸盐，为白色结晶性粉末，无臭，mp 182℃~186℃，几乎不溶于氯仿和苯，略溶于热水或乙醇。

一、实验目的

1. 熟悉合成杂环药物的方法。
2. 掌握脱水反应原理及操作技术。

二、实验原理

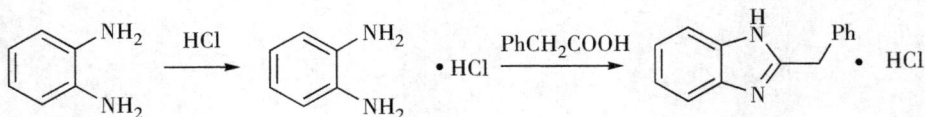

图 7-1　地巴唑实验的制备原理

三、实验步骤

1. 邻苯二胺成盐

将浓盐酸 11.2ml 稀释至 17.4ml，取其半量加入 50ml 烧杯中，盖上表面皿，于石棉网上加热至近沸。一次加入邻苯二胺 10.8g，用玻璃棒搅拌，使固体溶解，然后加入余下的盐酸和活性炭 1g，搅匀，趁热抽滤。滤液冷却后，析出结晶，抽滤，结晶用少量乙醇洗三次，抽干，干燥，得白色或粉红色针状结晶，即为邻苯二胺单盐酸盐。测熔点，计算收率。

2. α-苄基苯并咪唑的合成

在装有搅拌器、温度计和蒸馏装置的 60ml 三颈瓶中，加入苯乙酸适量（苯乙酸与邻苯二胺单盐酸盐的摩尔比为 1.06：1），沙浴加热，使内温达 99℃~100℃。待苯乙酸熔化后，在搅拌下加入邻苯二胺单盐酸盐（将上一步产品全部投料）。升温至 150℃开始脱水，然后慢慢升温，于 160℃~240℃反应 3 小时（大部分时间控制在 200℃左右）。反应结束后，使反应液冷却到 150℃ 以下，趁热慢慢向反应液中加入 4 倍量的沸水（按邻苯二胺单盐酸盐计算），搅拌溶解，加活性炭脱色，趁热抽滤，将滤液立即转移到烧杯中，搅拌，冷却，结晶（防止结成大块），抽滤，结晶用少量水洗三次，得地巴唑盐基粗品。

3. 地巴唑盐基的精制

取约为地巴唑盐基湿粗品 5.5 倍量的水，加入烧杯中，加热煮沸，投入地巴唑盐基粗品，加热溶解后，用 10% 氢氧化钠调节到 pH 9，冷却，抽滤，结晶用少量蒸馏水洗至中性，抽干，即得地巴唑盐基精品。

4. 地巴唑盐制备

将地巴唑盐基湿精品用 1.5 倍量蒸馏水调成糊状，加热，抽滤，结晶用盐酸调节 pH 4~5，使完全溶解。加活性炭脱色，趁热抽滤，使滤液冷却，析出结晶，用蒸馏水洗三次，得地巴唑盐粗品。

5. 地巴唑盐的精制

将地巴唑盐粗品用 2 倍量蒸馏水加热溶解，加活性炭脱色，趁热抽滤，滤液冷却，析出结晶。抽滤，用蒸馏水洗三次，抽干，干燥，测熔点，计算收率。

实验八　巴比妥制备工艺

巴比妥（barbital, 8-1）为长效催眠药，主要用于神经过度兴奋、狂躁或忧虑引起的失眠。

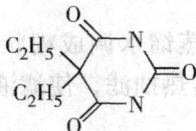

（8-1）巴比妥

本品化学名为 5,5-二乙基巴比妥酸，白色结晶或结晶性粉末，无臭，味微苦，mp 189℃~192℃，难溶于水，易溶于沸水及乙醇，溶于乙醚、氯仿及丙酮。

一、实验目的

1. 通过巴比妥的合成了解药物合成的基本过程。
2. 掌握无水操作技术。

二、实验原理

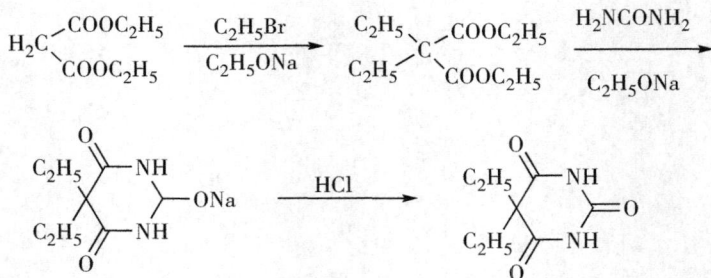

图 8-1　巴比妥实验的制备原理

三、实验步骤

1. 绝对乙醇的制备

在装有球形冷凝器（顶端附氯化钙干燥管）的 250ml 圆底烧瓶中加入无水乙醇 180ml，金属钠 2g，沸石几粒，加热回流 30 分钟，加入邻苯二甲酸二乙酯 6ml，再回流 10 分钟。将回流装置改为蒸馏装置，蒸去前馏分。用干燥圆底烧瓶做接收器，蒸馏至几乎无液滴流出为止。量其体积，计算回收率，密封贮存。

注：检验绝对乙醇是否有水分，常用的方法是取一支干燥试管，加入制得的绝对乙醇1ml，随即加入少量无水硫酸铜粉末。如乙醇中含水分，则无水硫酸铜变为蓝色硫酸铜。

2. 二乙基丙二酸二乙酯的制备

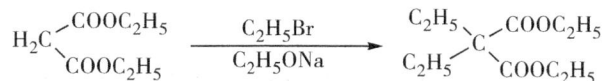

图8-2　二乙基丙二酸二乙酯的制备原理

在装有搅拌器、滴液漏斗及球形冷凝器（顶端附有氯化钙干燥管）的250ml三颈瓶中，加入制备的绝对乙醇75ml，分次加入金属钠6g。待反应缓慢时，开始搅拌，用油浴加热（油浴温度不超过90℃），金属钠消失后，由滴液漏斗加入丙二酸二乙酯18ml，10～15分钟内加完，然后回流15分钟，当油浴温度降到50℃以下时，慢慢滴加溴乙烷20ml，约15分钟加完，然后继续回流2.5小时。将回流装置改为蒸馏装置，蒸去乙醇（但不要蒸干），放冷，残渣用40～45ml水溶解，转到分液漏斗中，分取酯层，水层用乙醚提取3次（每次用乙醚20ml），合并酯与醚提取液，再用20ml水洗涤一次，醚液倾入125ml锥形瓶内，加无水硫酸钠5g，放置。

3. 二乙基丙二酸二乙酯的蒸馏

将上一步制得的二乙基丙二酸二乙酯乙醚液，过滤，滤液蒸去乙醚。瓶内剩余液用装有空气冷凝管的蒸馏装置于砂浴上蒸馏，收集218℃～222℃馏分（用预先称重的50ml锥形瓶接收），称重，计算收率，密封贮存。

4. 巴比妥的制备

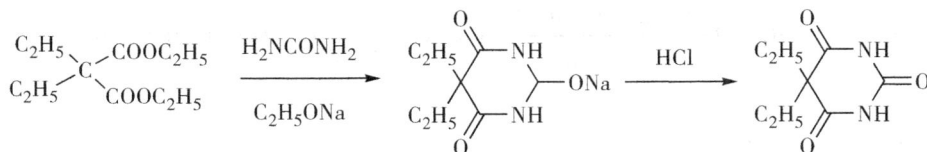

图8-3　巴比妥的制备原理

在装有搅拌器、球型冷凝器（顶端附有氯化钙干燥管）、温度计的250ml三颈瓶中加入绝对乙醇50ml，分次加入金属钠2.6g，待反应缓慢时，开始搅拌。金属钠消失后，加入二乙基丙二酸二乙酯10g，尿素4.4g，加完后，随即使内温升至80℃～82℃。停止搅拌，保温反应80分钟（反应正常时，停止搅拌5～10分钟后，料液中有小气泡逸出，并逐渐呈微沸状态，有时较激烈）。反应毕，将回流装置改为蒸馏装置。在搅拌下慢慢蒸去乙醇，至常压不易蒸出时，再减压蒸馏尽。残渣用80ml水溶解，倾入盛有18ml稀盐酸（盐酸：水＝1：1）的250ml烧杯中，调pH3～4之间，析出结晶，抽滤，得粗品。

5. 巴比妥的精制

粗品称重，置于150ml锥形瓶中，用水加热使溶（16ml/g），加入活性炭少许，脱色15分钟，趁热抽滤，滤液冷至室温，析出白色结晶，抽滤，水洗，烘干，测熔点，计算收率。

实验九　盐酸普鲁卡因的制备工艺

盐酸普鲁卡因（procaine hydrochloride，9–1），又名奴佛卡因（novocain），是应用较广的一种局部麻醉药，主要用于浸润、脊椎及传导麻醉，作用强，毒性低，临床上常用其盐酸盐做成针剂使用。

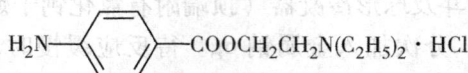

$$H_2N-\langle\ \rangle-COOCH_2CH_2N(C_2H_5)_2 \cdot HCl$$

（9–1）　盐酸普鲁卡因

化学名为对氨基苯甲酸–2–二乙胺基乙酯盐酸盐，为白色细微针状结晶或结晶性粉末，无臭，味微苦而麻，mp 153℃～157℃，易溶于水，溶于乙醇，微溶于氯仿，几乎不溶于乙醚。

一、实验目的

1. 通过局部麻醉药盐酸普鲁卡因的合成实验，掌握酯化、还原等单元反应。
2. 掌握利用水和二甲苯共沸脱水的原理和分水器的作用及操作方法。
3. 掌握水溶性大的盐类用盐析法进行分离及精制的方法。

二、实验原理

$$O_2N-\langle\ \rangle-COOH \xrightarrow[\text{二甲苯}]{HOCH_2CH_2N(C_2H_5)_2} O_2N-\langle\ \rangle-COOCH_2CH_2N(C_2H_5)_2$$

$$\xrightarrow{Fe,HCl} H_2N-\langle\ \rangle-COOCH_2CH_2N(C_2H_5)_2 \cdot HCl \xrightarrow{20\%NaOH}$$

$$H_2N-\langle\ \rangle-COOCH_2CH_2N(C_2H_5)_2 \xrightarrow{浓盐酸} H_2N-\langle\ \rangle-COOCH_2CH_2N(C_2H_5)_2 \cdot HCl$$

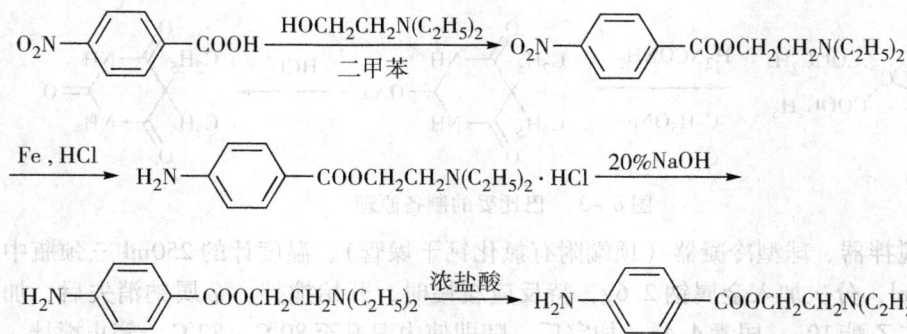

图 9–1　盐酸普鲁卡因实验的制备原理

三、实验步骤

1. 对–硝基苯甲酸–β–二乙胺基乙醇（俗称硝基卡因）的制备

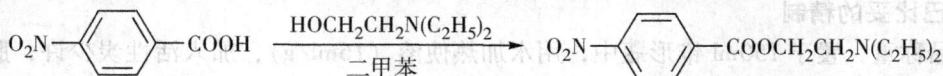

$$O_2N-\langle\ \rangle-COOH \xrightarrow[\text{二甲苯}]{HOCH_2CH_2N(C_2H_5)_2} O_2N-\langle\ \rangle-COOCH_2CH_2N(C_2H_5)_2$$

图 9–2　硝基卡因的制备原理

在装有温度计、分水器及回流冷凝器的 500ml 三颈瓶中，投入对硝基苯甲酸 20g，β － 二乙胺基乙醇 14.7g，二甲苯 150ml 及止爆剂，油浴加热至回流（注意控制温度，油浴温度约为 180℃，内温约为 145℃），带水共沸 6 小时。撤去油浴，稍冷，将反应液倒入 250ml 锥形瓶中，放置冷却，析出固体。将上清液用倾泻法转移至减压蒸馏烧瓶中，水泵减压蒸除二甲苯，残留物以 3% 盐酸 140ml 溶解，并与锥形瓶中的固体合并，过滤，除去未反应的对硝基苯甲酸，滤液（含硝基卡因）备用。

2. 对 － 氨基苯甲酸 － β － 二乙胺基乙醇酯的制备

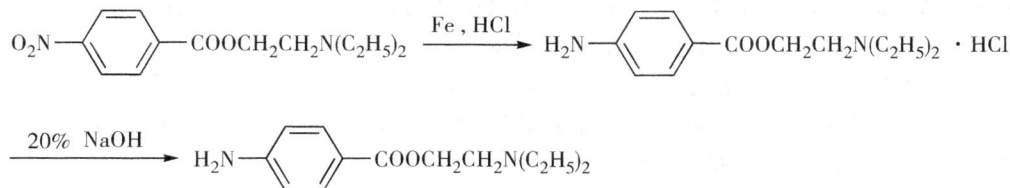

图 9 － 3　对 － 氨基苯甲酸 － β － 二乙胺基乙醇酯的制备原理

将上步得到的滤液转移至装有搅拌器、温度计、滴液漏斗的 500ml 三颈瓶中，搅拌下用 20% 氢氧化钠调 pH 4.0 ~ 4.2。充分搅拌下，于 25℃ 分次加入经活化的铁粉，反应温度自动上升，注意控制温度不超过 70℃（必要时可冷却），待铁粉加毕，于 40℃ ~ 45℃ 保温反应 2 小时。抽滤，滤渣以少量水洗涤 2 次，滤液以稀盐酸酸化至 pH 5。滴加饱和硫化钠溶液，调 pH 7.8 ~ 8.0，沉淀反应液中的铁盐，抽滤，滤渣以少量水洗涤 2 次，滤液用稀盐酸酸化至 pH 6。加少量活性炭，于 50℃ ~ 60℃ 保温反应 10 分钟，抽滤，滤渣用少量水洗涤 1 次，将滤液冷却至 10℃ 以下，用 20% 氢氧化钠碱化至普鲁卡因全部析出（pH 9.5 ~ 10.5），过滤，得普鲁卡因，备用。

3. 盐酸普鲁卡因的制备

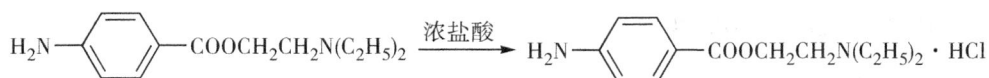

图 9 － 4　盐酸普鲁卡因的制备原理

（1）成盐：将普鲁卡因置于烧杯中，慢慢滴加浓盐酸至 pH 5.5，加热至 60℃，加精制食盐至饱和，升温至 60℃，加入适量保险粉，再加热至 65℃ ~ 70℃，趁热过滤，滤液冷却结晶，待冷至 10℃ 以下，过滤，即得盐酸普鲁卡因粗品。

（2）精制：将粗品置烧杯中，滴加蒸馏水，维持在 70℃ 时恰好溶解。加入适量的保险粉，于 70℃ 保温反应 10 分钟，趁热过滤，滤液自然冷却，当有结晶析出时，外用冰浴冷却，使结晶析出完全。过滤，滤饼用少量冷乙醇洗涤 2 次，干燥，得盐酸普鲁卡因（mp 153℃ ~ 157℃），以对 － 硝基苯甲酸计算总收率。

实验十　邻苯二甲酰甘氨酰甘氨酸的制备工艺

　　肽类药物是药用生物活性大分子物质。随着生物技术的飞速发展，此类药物已成为生物类新药的主要品种，且越来越多地用于临床。肽类药物有其自身的优点和缺点。其优点为：肽类药物多数源于内源性肽或其他天然肽，因此结构清楚，作用机制明确；与多数有机小分子药物相比，肽类药物具有活性高、用药剂量小、毒副作用低、代谢终产物为氨基酸等突出特点；与蛋白类药物相比，较小的肽几乎没有免疫原性；可化学合成，产品纯度高，质量可控。其缺点为：易降解、半衰期较短；生物利用度差；大多不能口服，一般为注射剂；大规模合成、分离纯化难度大；较大的肽具有免疫原性。

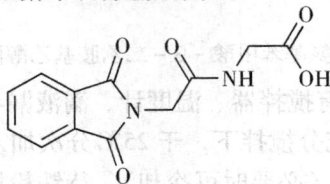

（10-1）　邻苯二甲酰甘氨酰甘氨酸

　　邻苯二甲酰甘氨酰甘氨酸为三个氨基酸通过酰胺键（肽键）形成的三肽，其有氨基的一端叫 N 端，有羟基的一端叫 C 端，为白色固体，mp 224℃~226℃。

一、实验目的

　　1. 掌握邻苯二甲酰甘氨酰甘氨酸的合成原理和方法。
　　2. 了解建立肽链的一般方法。

二、实验原理

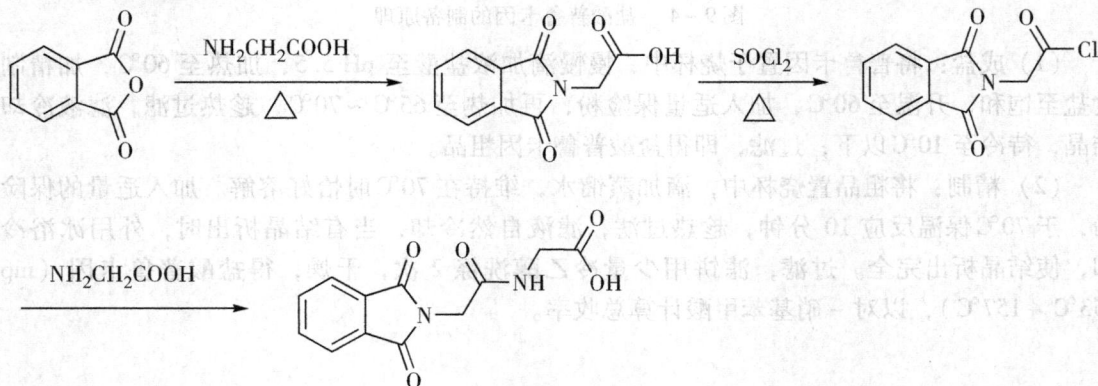

图 10-1　邻苯二甲酰甘氨酰甘氨酸实验的制备原理

三、实验步骤

1. 邻苯二甲酰甘氨酸的制备

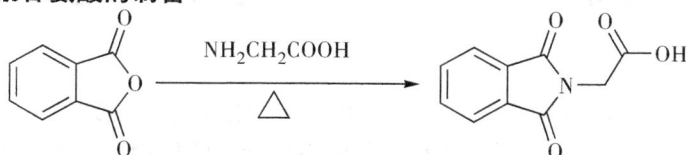

图 10-2　邻苯二甲酰甘氨酸的制备原理

将细粉状的 3g（0.02mol）邻苯二甲酸酐和 1.5g（0.02mol）甘氨酸的混合物置于 100ml 烧杯中，固定烧杯并将 250℃温度计埋入固体混合物中使水银球被完全覆盖，加热至固体熔融，用玻棒轻轻搅拌使它们充分混合，然后将熔融物在 150℃~190℃加热 15 分钟。待反应物冷却后用 50ml 水重结晶，得邻苯二甲酰甘氨酸约 3.9g（mp196℃~198℃）。

2. 邻苯二甲酰甘氨酰氯的制备

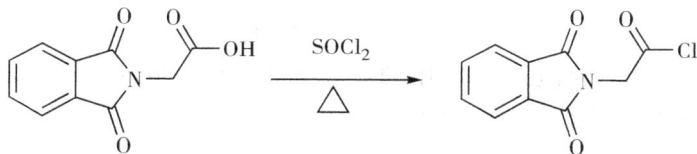

图 10-3　邻苯二甲酰甘氨酰氯的制备原理

将 2.1g（0.01mol）重结晶的邻苯二甲酰甘氨酸和 8ml（13.1g，0.01mol）氯化亚砜置于一个小圆底烧瓶中，装上冷凝管和干燥管，加热使温和回流 1 小时。移去冷凝管，用真空接收器在减压条件下使过量氯化亚砜从反应混合物中蒸发。残留物用丙酮-石油醚（5∶1，沸点 60℃~80℃）重结晶，得产品约约 2.2g（mp 74℃~82℃）。

注：氯化亚砜蒸气和液体对皮肤、鼻黏膜、眼均有强刺激。

3. 邻苯二甲酰甘氨酰甘氨酸的制备

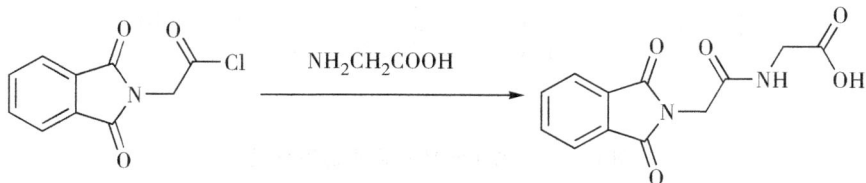

图 10-4　邻苯二甲酰甘氨酰甘氨酸的制备原理

将上步产物溶于 10ml 四氢呋喃，另在一个 125ml 锥形瓶中，将 0.7g 甘氨酸和 0.5g 氧化镁置于 30ml 水中使形成混悬液，在冰浴中冷却至 5℃。滴加 1.8g（0.008mol）邻苯二甲酰甘氨酰氯的四氢呋喃溶液到冷却的混悬液中，滴加过程中反应混合物需保持在 5℃。滴加完毕后室温搅拌反应混合物 10~15 分钟，使反应完全，盐酸酸化（石蕊试纸测试）。将酸化后的混合物在冰浴中冷冻 20 分钟使充分结晶，布氏漏斗过滤得到产品。用 35ml 水重结晶，得产品约 1.5g。

实验十一　阿司匹林的制备工艺

阿司匹林（aspirin，11－1）为解热镇痛药，用于治疗感冒、头痛、发烧、神经痛、关节痛及风湿病等。近年来，又证明它具有抑制血小板凝聚的作用，其治疗范围又进一步扩大到预防血栓形成，治疗心血管疾患。

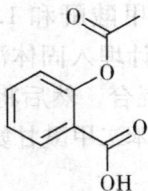

(11－1)　阿司匹林

阿司匹林化学名为 2－乙酰氧基苯甲酸，为白色针状或板状结晶，mp 135℃～140℃，易溶乙醇，可溶于氯仿、乙醚，微溶于水。

一、实验目的

1. 掌握酯化反应和重结晶的原理及基本操作。
2. 熟悉搅拌机的安装及使用方法。

二、实验原理

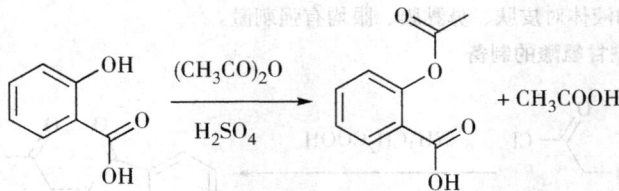

图 11－1　阿司匹林实验的制备原理

三、实验步骤

1. 水杨酸酯化

在装有搅拌棒及球形冷凝器的 100ml 三颈瓶中，依次加入水杨酸 10g，醋酐 14ml，浓硫酸 5 滴。开动搅拌机，置油浴加热，待浴温升至 70℃时，维持在此温度反应 30 分钟。停止搅拌，稍冷，将反应液倾入 150ml 冷水中，继续搅拌，至阿司匹林全部析出。抽滤，用少量稀乙醇洗涤，压干，得粗品。

2. 阿司匹林精制

将所得粗品置于附有球形冷凝器的 100ml 圆底烧瓶中，加入 30ml 乙醇，于水浴上加热至阿司匹林全部溶解，稍冷，加入活性炭回流脱色 10 分钟，趁热抽滤。将滤液慢慢倾入 75ml 热水中，自然冷却至室温，析出白色结晶。待结晶析出完全后，抽滤，用少量稀乙醇洗涤，压干，置红外灯下干燥（干燥时温度不超过 60℃ 为宜），测熔点，计算收率。

附：阿司匹林铝制备工艺

阿司匹林临床应用极为广泛，但在大剂量口服时，对胃粘膜有刺激作用，甚至引起胃出血。为克服这一缺点，常做成盐、酯和酰胺。阿司匹林铝（aluhum acetylicylate，11 - 2）即是其中之一，它的疗效与阿司匹林相近，但对胃黏膜刺激性较小。

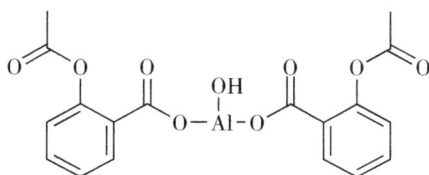

（11 - 2）　阿司匹林铝

阿司匹林铝化学名为羟基双（乙酰水杨酸）铝，为白色或类白色粉末，几乎不溶于水和有机溶剂，溶于氢氧化碱或碳酸碱水溶液中，同时分解。

（一）实验目的

1. 了解药物结构修饰方法。
2. 掌握减压蒸馏的基本操作。

（二）实验原理

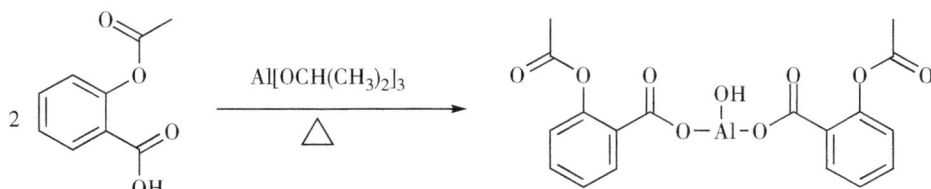

图 11 - 2　阿司匹林铝实验的制备原理

（三）实验步骤

1. 异丙醇铝的制备

称取 1.8g 铝片，剪细，置 100ml 圆底烧瓶中，加入少许二氯化汞，异丙醇 20ml，装好回流冷凝器及干燥管，油浴加热至沸腾，从冷凝器上口加入四氯化碳 2 滴，维持油浴温度 120℃ 左右，加热回流至铝片全部消失（约 1.5 ~ 2 小时），溶液呈黑灰色，改为减压蒸馏装置。先减压回收异丙醇，然后蒸出异丙醇铝（142℃ ~ 150℃/3kPa）。得透明油状物或白色蜡状物，计算收率。

2. 阿司匹林铝的制备

称取异丙醇铝 6.8g，置 100ml 三颈瓶中，加异丙醇 14ml，开动搅拌，于油浴中加热至 45℃（内温），溶液呈乳白色浑浊，搅拌下加入阿司匹林 12g，几分钟后溶液呈透明，控制反应温度 55℃~57℃（不要超过 60℃），搅拌 30 分钟，冷却至 30℃，搅拌下加入 40ml 异丙醇和水的混合液（37ml 异丙醇和 3ml 水），形成大量白色沉淀，再于 30℃ 下搅拌 30 分钟，抽滤，用异丙醇 10ml 洗一次，干燥得白色粉末状产品。计算收率。

实验十二　磺胺嘧啶银与磺胺嘧啶锌制备工艺

磺胺嘧啶银（sulfadiazine – Ag, 12 – 1）为应用于烧伤创面的磺胺药，对绿脓杆菌有较强的抑制作用，其特点是保持了磺胺嘧啶与硝酸银二者的抗菌作用。除用于治疗烧伤创面感染和控制感染外，还可使创面干燥，结痂，促进愈合。但磺胺嘧啶银成本高，且易氧化变质，故制成磺胺嘧啶锌（sulfadiazine – Zn, 12 – 2），以代替磺胺嘧啶银。

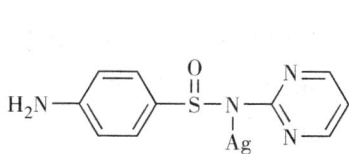

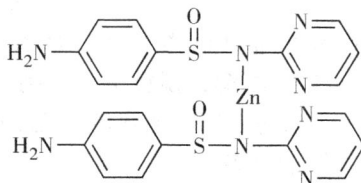

（12 – 1）磺胺嘧啶银　　　　　　　　（12 – 2）磺胺嘧啶锌

磺胺嘧啶银化学名为 2 – （对氨基苯磺酰胺基）嘧啶银（SD – Ag），为白色或类白色结晶性粉末，遇光或遇热易变质；磺胺嘧啶锌化学名为双（对氨基苯磺酰胺基）嘧啶锌（SD – Zn），为白色或类白色粉末，二者在水、乙醇、氯仿或乙醚中均不溶。

一、实验目的

了解拼合原理在药物结构修饰中的应用。

二、实验原理

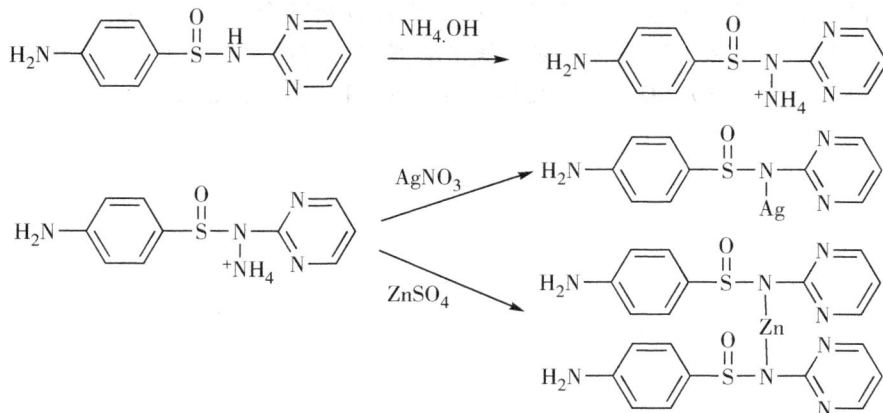

图 12 – 1　磺胺嘧啶银与磺胺嘧啶锌的制备原理

三、实验步骤

1. 磺胺嘧啶银的制备

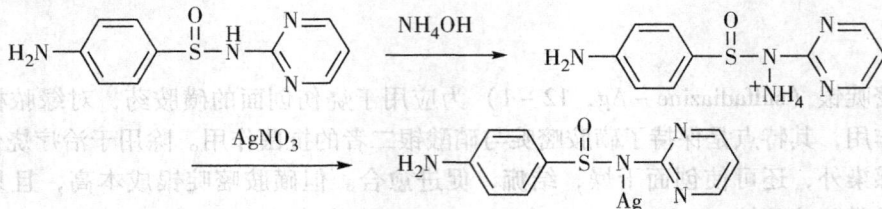

图 12 - 2   磺胺嘧啶银的制备原理

取磺胺嘧啶 5g，置 50ml 烧杯中，加入 10% 氨水 20ml 溶解。再称取硝酸银 3.4g 置 50ml 烧杯中，加 10ml 氨水溶解，搅拌下，将硝酸银 – 氨水溶液倾入磺胺嘧啶 – 氨水溶液中，片刻析出白色沉淀，抽滤，用蒸馏水洗至无 Ag^+ 反应，得本品。干燥，计算收率。

2. 磺胺嘧啶锌的制备

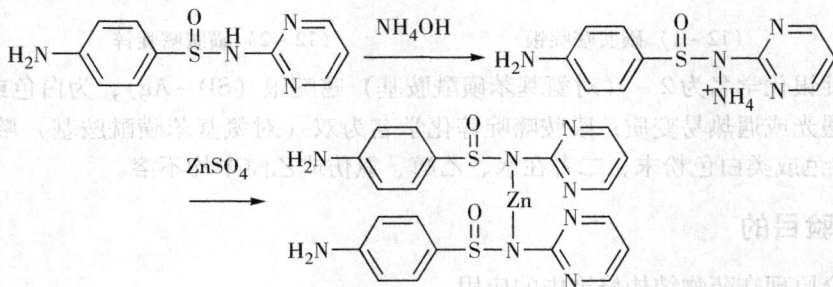

图 12 - 3   磺胺嘧啶银的制备原理

取磺胺嘧啶 5g，置 100ml 烧杯中，加入稀氨水（4ml 浓氨水加入 25ml 水），如有不溶的磺胺嘧啶，再补加少量浓氨水（约 1ml 左右）使磺胺嘧啶全溶。另称取硫酸锌 3g，溶于 25ml 水中，在搅拌下倾入上述磺胺嘧啶 – 氨水溶液中，搅拌片刻析出沉淀，继续搅拌 5 分钟，过滤，用蒸馏水洗至无 SO_4^{2-} 离子反应（用 0.1mol 氯化钡溶液检查），干燥，称重，计算收率。

实验十三　美沙拉嗪制备工艺

美沙拉嗪（mesalazine，13－1）是抗结肠炎药，为抗慢性结肠炎柳氮磺吡啶（SASP）的活性成分。疗效与柳氮磺吡啶相同，适用于因副作用和变态反应而不能使用柳氮磺吡啶的患者，国外已广泛用于治疗溃疡性结肠炎。

美沙拉嗪化学名为 5－氨基－2－羟基－苯甲酸，为灰白色结晶或结晶状粉末。微溶于冷水、乙醇；mp 280℃。

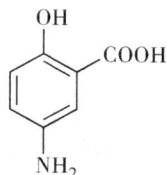

（13－1）　美沙拉嗪

一、实验目的

1. 掌握硝化、还原反应原理。
2. 熟悉硝化、还原反应的基本操作技能。

二、实验原理

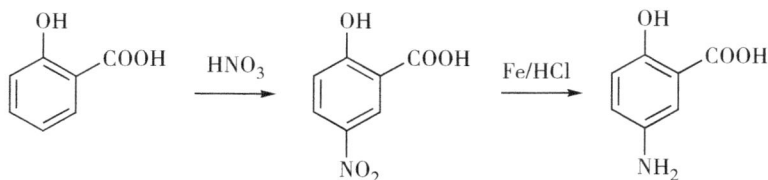

图 13－1　美沙拉嗪的制备原理

三、实验步骤

1. 5－硝基－2－羟基苯甲酸的制备（硝化）

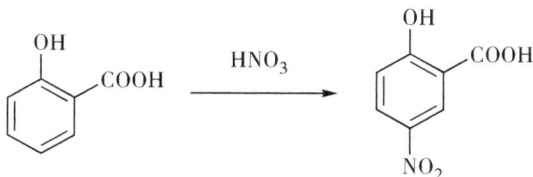

图 13－2　5－硝基－2－羟基苯甲酸的制备原理

在装有冷凝器（附有空气导管、安全瓶及碱性吸收池）、温度计和滴液漏斗的 250ml 三颈瓶中，加入水杨酸 14g（0.1mol）、水 30ml，电磁搅拌下升温至 70℃，缓缓滴加浓硝酸 12ml，保持反应温度在 70℃~80℃，滴毕，继续保温反应 1 小时。倒入 150ml 冰水中，放置 1 小时。抽滤，用水洗涤，得粗品，将粗品加入 150ml 水加热至沸，待全部溶解后趁热过滤，滤液充分冷却，抽滤，得淡黄结晶物 11.2g（60%，mp 227℃~230℃）。

2. 美沙拉嗪的合成（还原）

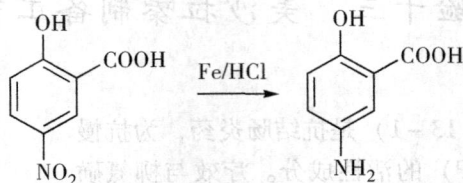

图 13-3 美沙拉嗪的制备原理

在装有电动搅拌器、冷凝管及温度计的 250ml 三颈瓶中，加入水 60ml，升温至 60℃ 以上，加入浓盐酸 4.2ml，活化铁粉 4g（0.07mol），加热回流后，交替加入活化铁粉 6g（0.11mol）和 5-硝基-2-羟基苯甲酸 10g（0.56mol），加毕，继续保温搅拌 1 小时。反应完毕，冷却至 80℃，用 40% 氢氧化钠溶液调 pH 至碱性，过滤，水洗，合并滤液和洗液，向其中加入保险粉 1.3g，搅拌，过滤，滤液用 40% 硫酸调至 pH 2~3，析出固体，过滤，干燥，得固体粗品约 6.02g（73.3%）。向粗品中加水 100ml，浓硫酸 4.5ml 和活性炭少许，加热回流数分钟，趁热过滤，冷却，滤液用 15% 氨水调至 pH 2~3，析出固体，过滤，水洗，干燥，得精品 5.32g（64.8%，mp 274℃）。

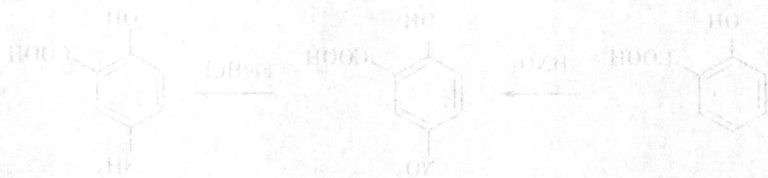

实验十四 扑热息痛制备工艺

扑热息痛（paracetamol，14-1）系常用的解热镇痛药，临床上用于发热、头痛、神经痛、痛经等。

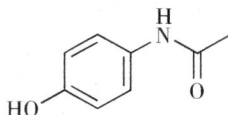

（14-1） 扑热息痛

扑热息痛化学名为 N-（4-羟基苯基）-乙酰胺，又称醋氨酚（acetahophen），为白色结晶或结晶性粉末，易溶于热水或乙醇，溶于丙酮，略溶于水，mp 168℃~172℃。

一、实验目的

1. 掌握扑热息痛的性状、特点和化学性质。
2. 掌握酰化反应的原理和分馏柱的作用及操作。

二、实验原理

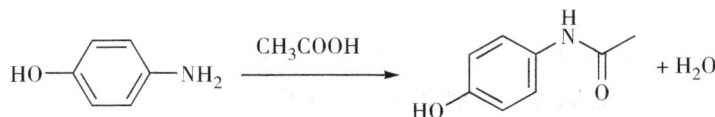

图 14-1 扑热息痛的制备原理

三、实验步骤

1. 制备扑热息痛粗品

于 100ml 圆底烧瓶中加入 10.9g 对氨基酚，14ml 冰醋酸，装一短的刺形分馏柱，其上端装一温度计，支管通过尾接管与接收器相连，接收器外部用冷水浴冷却。将圆底烧瓶低压加热并搅拌，使反应物保持微沸状态回流 15 分钟，然后逐渐升高温度，当温度计读数达到 90℃左右时，支管即有液体流出。维持温度在 90℃~100℃之间反应约 0.5 小时，生成的水及大部分醋酸已被蒸出，此时温度计读数下降，表示反应已经完成。在搅拌下趁热将反应物倒入 40ml 冰水中，有白色固体析出。冷却后抽滤，得扑热息痛粗品。

2. 精制

于 100ml 锥形瓶中加入粗品，每克粗品用 5ml 纯水加热使溶解，稍冷后加入粗品重量的 1%~2% 活性炭和 0.5g 亚硫酸钠，脱色 10 分钟，趁热过滤，冷却，析出结晶，抽滤。得扑热息痛精制品，干燥后得扑热息痛（约 9~11g）。

实验十五　苯乐来制备工艺

苯乐来（benoral, 15-1）为一种新型解热镇痛抗炎药，是由阿司匹林和扑热息痛经拼合原理制成，它既保留了原药的解热镇痛功能，又减小了原药的毒副作用，并有协同作用。适用于急、慢性风湿性关节炎，风湿痛，感冒发烧，头痛及神经痛等。

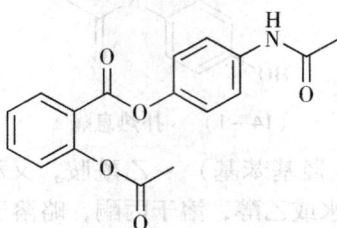

（15-1）　苯乐来

苯乐来化学名为 2-乙酰氧基苯甲酸-（4-乙酰胺基）苯酯，又名扑炎痛（benorylate）。本品为白色结晶性粉末，无臭无味，mp 174℃~178℃，不溶于水，微溶于乙醇，溶于氯仿、丙酮。

一、实验目的

1. 通过乙酰水杨酰氯的制备，掌握无水操作的技能。
2. 通过本实验了解拼合原理在药物化学中的应用。
3. 了解酯化反应在药物化学结构修饰中的应用。
4. 通过本实验了解 Schotten-Baumann 酯化反应原理。

二、实验原理

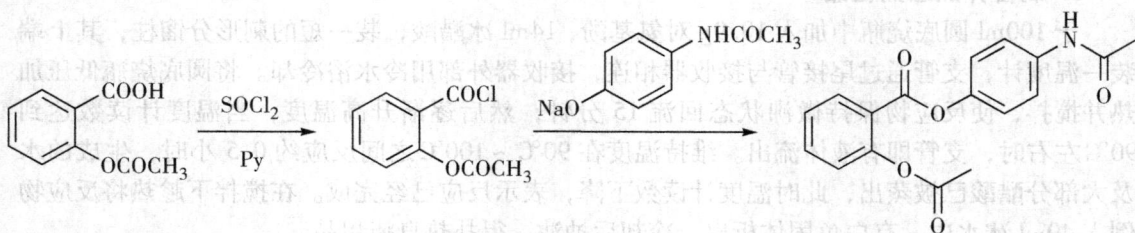

图 15-1　苯乐来实验的制备原理

三、实验步骤

1. 乙酰水杨酰氯的制备（酰氯的制备）

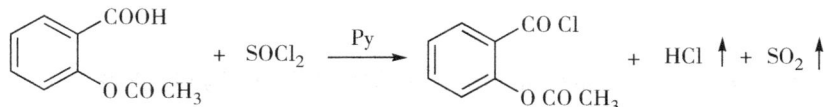

图 15 – 2　乙酰水杨酰氯的制备原理

在装有搅拌器、球形冷凝器（顶端附有氯化钙干燥管，干燥管连有导气管，导气管另一端接一小漏斗通入盛有氢氧化钠溶液的烧杯中）、温度计的干燥的 100ml 三颈瓶中，依次加入吡啶 1 滴，阿司匹林 9g，氯化亚砜 5ml。搅拌并慢慢加热至约 65℃（约 10～15 分钟），维持温度在 65℃ 左右反应，搅拌至无气体放出（约 70 分钟）。反应完毕改成减压蒸馏装置，用水泵减压蒸除过量的氯化亚砜（防止倒吸）。冷却，得乙酰水杨酰氯，加入无水丙酮 6ml，将反应液倾入干燥的 100ml 滴液漏斗中，混匀，密闭备用。

2. 苯乐来的制备（酯的制备）

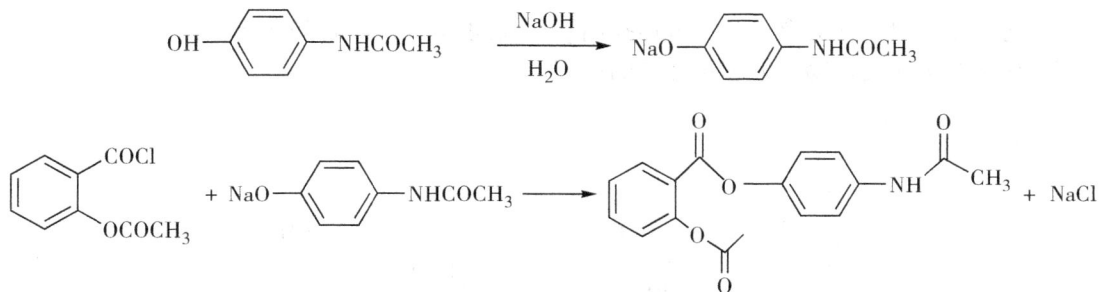

图 15 – 3　苯乐来的制备原理

在装有搅拌器、滴液漏斗及温度计的 150ml 的三颈瓶中，加入扑热息痛 8.6g，水 50ml。冰水浴冷至 10℃ 左右，在搅拌下于 10℃～15℃ 滴加氢氧化钠溶液 18ml（氢氧化钠 3.3g 加 18ml 水配成，用滴管滴加）。滴加完毕，降温，在 8℃～12℃ 之间，在强烈搅拌下，慢慢滴加制得的乙酰水杨酰氯丙酮溶液（乙酰水杨酰氯 9.9g，加入无水丙酮 6ml 混匀，在 20 分钟左右滴完）。滴加完毕，调至 pH≥10，控制温度在 20℃～25℃ 之间继续搅拌反应 60 分钟，抽滤，水洗至中性，得粗品，计算收率。

3. 苯乐来的精制

取粗品 5g 置于装有球形冷凝器的 100ml 圆底瓶中，加入 10 倍量（W/V）95% 乙醇，在水浴上加热溶解。稍冷，加活性炭脱色（活性炭用量视粗品颜色而定），加热回流 30 分钟，趁热抽滤（布氏漏斗、抽滤瓶应预热）。将滤液趁热转移至烧杯中，自然冷却，待结晶完全析出后，抽滤，压干；用少量乙醇洗涤 2 次（母液回收），压干，干燥，得精品，计算收率。

实验十六　磺胺醋酰钠制备工艺

磺胺醋酰钠（sulfacetamide sodium，16 – 1）临床上用于治疗结膜炎、沙眼及其他眼部感染。

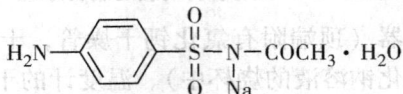

（16 – 1）　磺胺醋酰钠

磺胺醋酰钠化学名为 N – ［（4 – 氨基苯基）– 磺酰基］– 乙酰胺钠水合物，为白色结晶性粉末；无臭味，微苦；易溶于水，微溶于乙醇、丙酮。

一、实验目的

1. 通过磺胺醋酰钠的合成，了解用控制 pH、温度等反应条件纯化产品的方法。
2. 加深对磺胺类药物一般理化性质的认识。

二、实验原理

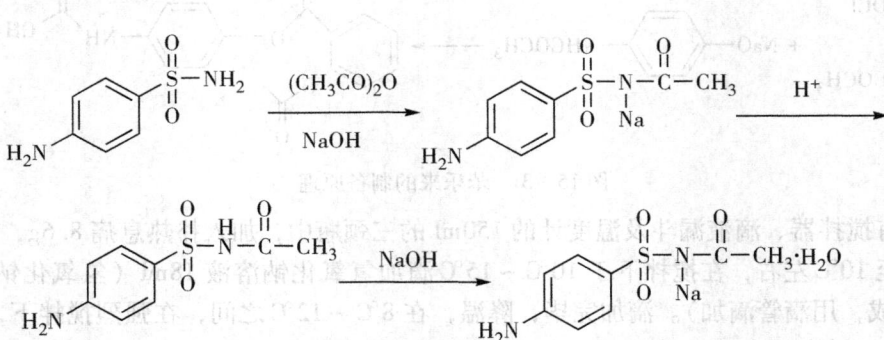

图 16 – 1　磺胺醋酰钠实验的制备原理

三、实验步骤

1. 磺胺醋酰（SA）的制备

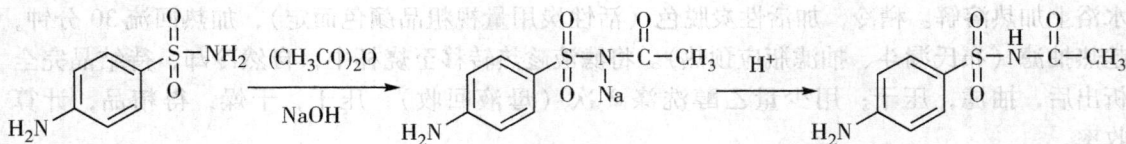

图 16 – 2　磺胺醋酰的制备原理

在装有搅拌器、温度计的100ml三颈瓶中，加入磺胺17.2g，22.5%氢氧化钠22ml，开动搅拌，并加热至50℃左右。待磺胺溶解后，分次加入醋酐13.6ml，43.5%氢氧化钠12.5ml（首先，加入醋酐3.6ml，43.5%氢氧化钠2.5ml；随后，每次间隔5分钟，将剩余的43.5%氢氧化钠和醋酐分5次交替加入，每次各2ml，因为放热，加醋酐时用滴加法，2ml NaOH可一次加入）。加料期间反应温度维持在50℃~55℃；加料完毕继续保持此温度反应30分钟。反应完毕，停止搅拌，将反应液倾入250ml烧杯中，加水20ml稀释，于冷水浴中用36%盐酸调至pH 7，放置30分钟，并不时搅拌析出固体，抽滤除去固体。滤液用36%盐酸调至pH 4~5，抽滤，得白色粉末。

用3倍量（3ml/g）10%盐酸溶解得到的白色粉末，不时搅拌，放置30分钟尽量使单乙酰物成盐酸盐溶解，抽滤除不溶物。滤液加少量活性炭室温脱色10分钟，抽滤。滤液用氢氧化钠调至pH 5，析出磺胺醋酰，抽滤，干燥，测熔点（mp 179℃~184℃）。若产品不合格，可用热水（1∶15）重结晶。

2. 磺胺醋酰钠的制备

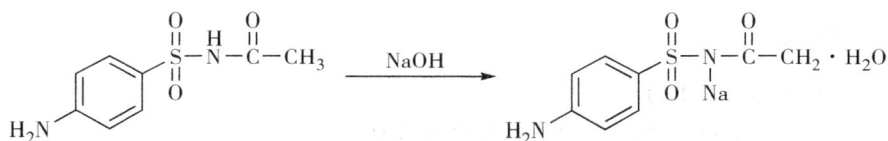

图16-3 磺胺醋酰钠的制备原理

将磺胺醋酰置于50ml烧杯中，加3~5滴蒸馏水，于水浴上加热至90℃，滴加22.5%氢氧化钠至固体恰好溶解，放冷，析出结晶，抽滤（用丙酮转移），压干，干燥，计算收率。

在装有搅拌器，温度计的 100ml 三颈瓶中，回入磺酸 17.2g，22.5% 乳酸钠液 22ml，于剧烈搅拌下，加温冷至 50℃ 左右，于搅拌半梳时，分多次加入了 13.6ml，43.5g 名氧化钠 12.5ml（溶化），加入大量份时间约需控制在 10 分再放置固体 5 分钟，水混溶有 43.5g，氧化钠溶液有自发放热反应，得加入 2ml，回入约钠。加溶解后使反应加温度 2ml NaOH加入 ~ 调升则间反应慢进，温度回温 50℃，55℃。

等回 30% 硫酸溶解 pH 7，反应 20 分钟，非凍凝加带用回时值。抽滤使 30% 硫酸调至 pH 4 ~ 5，同凝。抽滤，得白色固体。

图 3 溶度（5ml/g）10% 温度乙酸水份加入即回温放，加溶 30 分钟分温度乙乙固化反应溶清、加磺酸乙氧固，加回时至即溶于晶磺，加回温度即晶晶，得白色固晶（mp 175℃ ~ 184℃）乙回丰不含晶。

2. 磺酸溶胶类的制备

抗氧溶固度配于 50ml 烧瓶中，加 3 ~ 5 磺滴温水，于温冷至 90℃，集回 22.5g 溶度固体。

苯佐卡因（benzocaine，17-1）为局部麻醉药，外用为撒布剂，用于手术后创伤止痛，溃疡疼痛等症。

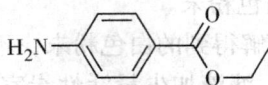

(17-1) 苯佐卡因

苯佐卡因化学名为对氨基苯甲酸乙酯，为白色结晶性粉末，味微苦而麻；mp 88℃ ~ 90℃，极微溶于水，易溶于乙醇。

一、实验目的
1. 了解药物合成的基本过程。
2. 掌握氧化、酯化和还原反应的原理及基本操作。

二、实验原理

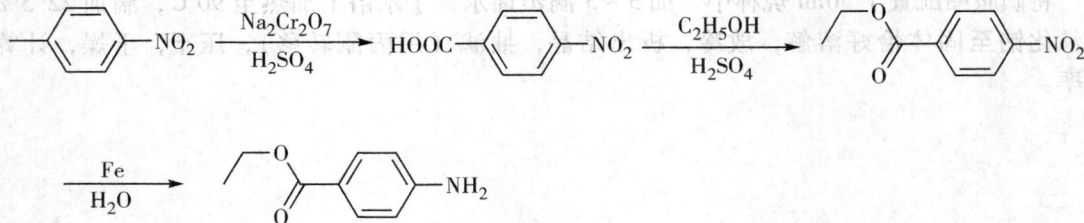

图 17-1 苯佐卡因实验的制备原理

三、实验步骤

1. 对硝基苯甲酸的制备（氧化）

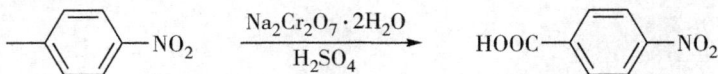

图 17-2 对硝基苯甲酸的制备原理

在装有搅拌棒、球形冷凝器、滴液漏斗的 250ml 三颈瓶中，加入重铬酸钠（含两个结晶水）23.6g，水 50ml，开动搅拌，待重铬酸钠溶解后，加入对硝基甲苯 8g，用滴液漏斗滴加 32ml 浓硫酸。滴加完毕，直火加热，保持反应液微沸 60 ~ 90 分钟（反应中，球型冷凝器中可能有白色针状的对硝基甲苯析出，可适当关小冷凝水，使其熔融）。冷却后，将反应液倾入80ml 冷水中，抽滤。残渣用 45ml 水分 3 次洗涤。将滤渣转移到烧杯中，加入 5% 硫酸 35ml，在沸水浴上加热 10 分钟，并不时搅拌，冷却后抽滤，滤渣溶于温热的 5% 氢氧化钠溶液 70ml 中，在 50℃ 左右抽滤，滤液加入活性炭 0.5g 脱色（5~10 分钟），趁热抽滤。冷却，在充分搅拌下，将滤液慢慢倒入 15% 硫酸 50ml 中，抽滤，洗涤，干燥得本品，计算收率。

2. 对硝基苯甲酸乙酯的制备（酯化）

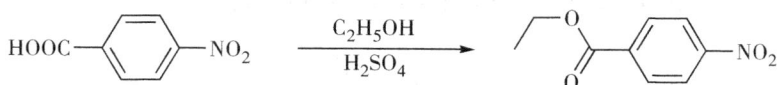

图 17 - 3　对硝基苯甲酸乙酯的制备原理

在干燥的 100ml 圆底瓶中加入对硝基苯甲酸 6g，无水乙醇 24ml，逐渐加入浓硫酸 2ml，振摇使混合均匀，装上附有氯化钙干燥管的球型冷凝器，油浴加热回流 80 分钟（油浴温度控制在 100℃ ~ 120℃）；稍冷，将反应液倾入到 100ml 水中，抽滤；滤渣移至乳钵中，研细，加入 5% 碳酸钠溶液 10ml（由 0.5g 碳酸钠和 10ml 水配成），研磨 5 分钟，测 pH（检查反应物是否呈碱性），抽滤，用少量水洗涤，干燥，计算收率。

3. 对氨基苯甲酸乙酯的制备（还原）

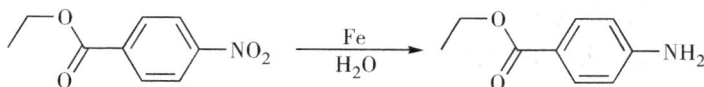

图 17 - 4　苯佐卡因的制备原理

A 法：在装有搅拌棒、球形冷凝器、滴液漏斗的 250ml 三颈瓶中，加入 35ml 水，2.5ml 冰醋酸和已经处理过的铁粉 8.6g，开动搅拌，加热至 95℃ ~ 98℃反应 5 分钟，稍冷，加入对硝基苯甲酸乙酯 6g 和 95% 乙醇 35ml，在激烈搅拌下，回流反应 90 分钟。稍冷，在搅拌下，分次加入温热的碳酸钠饱和溶液（由碳酸钠 3g 和水 30ml 配成），搅拌片刻，立即抽滤（布式漏斗需预热），滤液冷却后析出结晶，抽滤，产品用稀乙醇洗涤，干燥得粗品。

B 法：在装有搅拌棒、球形冷凝器、滴液漏斗的 100ml 三颈瓶中，加入水 25ml，氯化铵 0.7g，铁粉 4.3g，直火加热至微沸，活化 5 分钟。稍冷，慢慢加入对硝基苯甲酸乙酯 5g，充分激烈搅拌，回流反应 70 分钟。待反应液冷至 40℃ 左右，加入少量碳酸钠饱和溶液调至 pH 7 ~ 8，加入 30ml 氯仿，搅拌 3 ~ 5 分钟，抽滤；用 10ml 氯仿洗三颈瓶及滤渣，抽滤，合并滤液，倾入 100ml 分液漏斗中，静置分层，弃去水层，氯仿层用 5% 盐酸 90ml 分 3 次萃取，合并萃取液（氯仿回收），用 40% 氢氧化钠调至 pH 8，析出结晶，抽滤，得苯佐卡因粗品，计算收率。

4. 精制

将粗品置于装有球形冷凝器的 100ml 圆底瓶中，加入 10 ~ 15 倍（ml/g）50% 乙醇，在水浴上加热溶解。稍冷，加活性炭脱色（活性炭用量视粗品颜色而定），加热回流 20 分钟，趁热抽滤（布式漏斗、抽滤瓶应预热）。将滤液趁热转移至烧杯中，自然冷却，待结晶完全析出后，抽滤，用少量 50% 乙醇洗涤 2 次，压干，干燥，测熔点，计算收率。

实验十八 水杨酰苯胺制备工艺

水杨酰苯胺（salicylanilide，18-1）为水杨酸类解热镇痛药，用于发热、头痛、神经痛、关节痛及活动性风湿性关节炎，作用较阿司匹林强，副作用小。

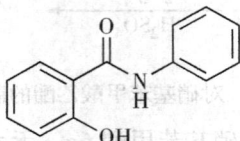

（18-1） 水杨酰苯胺

水杨酰苯胺化学名为邻羟基苯甲酰苯胺，为白色结晶性粉末，几乎无臭，微溶于冷水，略溶于乙醚、氯仿、丙二醇，易溶于碱性溶液；mp 135.8℃～136.2℃。

一、实验目的

1. 了解对药物结构的修饰方法。
2. 掌握酚酯化和酰胺化的反应原理。

二、实验原理

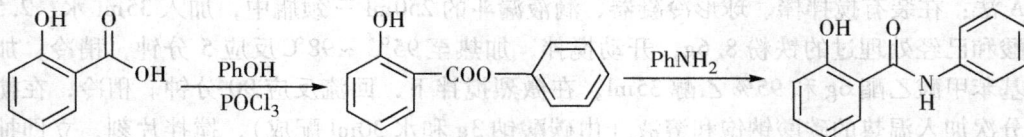

图18-1 水杨酰苯胺的制备原理

三、实验步骤

1. 水杨酸苯酯的制备

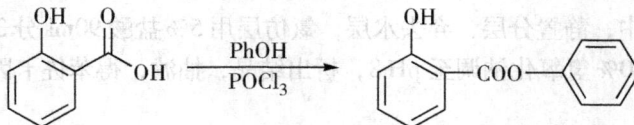

图18-2 水杨酸苯酯的制备原理

在干燥的四颈瓶中安装搅拌器、滴液漏斗、温度计和球形冷凝器，在冷凝器上端接一排气管，尾管甩进水槽中。依次加入苯酚5g，水杨酸7g，油浴加热使熔融，控制油浴温度在

140℃±2℃之间，通过滴液漏斗缓缓加入三氯化磷2ml，此时有氯化氢气体产生。三氯化磷加毕，维持油浴温度在140℃±2℃之间，反应2小时，趁热搅拌下倾入50ml水（50℃）中，于冰水浴中不断搅拌，直至固化，过滤、水洗，得粗品。

2. 水杨酰苯胺的制备

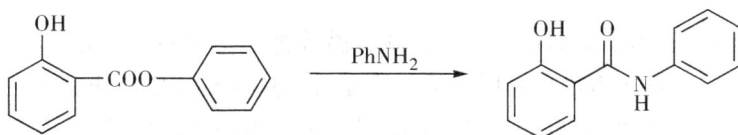

图18-3　水杨酰苯胺的制备原理

　　将上步制得的水杨酸苯酯，投入25ml圆底烧瓶，油浴加热至120℃，使熔融，不时摇动圆底烧瓶，并在此温度维持5分钟左右，然后按1g水杨酸苯酯加0.45ml苯胺的比例，加入苯胺，安装回流冷凝器，加热至160℃±5℃，反应2小时，温度稍降后，趁热倾入30ml 85%乙醇中，置冰水浴中搅拌，直至结晶析出，过滤，用85%乙醇洗2次，干燥，得粗品。

3. 水杨酰苯胺的精制

　　取粗品，投入附有回流冷凝器的圆底烧瓶中，加4倍量的（W/V）的95%乙醇，在60℃水浴中，使之溶解，加少量活性炭及EDTA脱色10分钟，趁热过滤，冷却。用少量乙醇洗2次（母液回收）。干燥得本品。测熔点，计算收率。

实验十九 琥珀酸喘通制备工艺

喘通是 β_2 受体兴奋剂，对游离组胺、乙酰胆碱等神经化学递质引起的支气管痉挛有良好的缓解作用，但能使一些患者出现心悸、手颤等症状。其盐酸盐盐酸喘通（19-1）体内代谢快，12 小时即从尿排除 80% ~ 90%。为了克服以上副作用并使药效缓和而持久，故将盐酸喘通制成琥珀酸喘通（clorprenaline succinate，19-2），同样具有平喘作用。

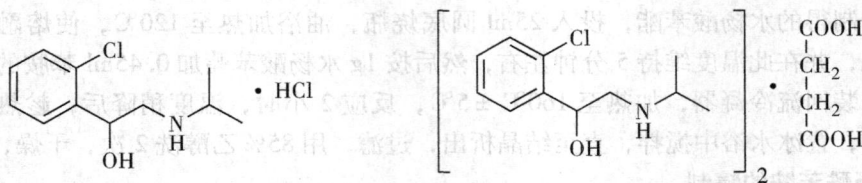

（19-1）盐酸喘通   （19-2）琥珀酸喘通

琥珀酸喘通化学名为 1 -（邻氯苯基）-2 - 异丙胺基乙醇丁二酸盐，为无色透明的菱形结晶，无臭，味微苦；极易溶于水，易溶于乙醇，难溶于乙醚、丙酮；mp 171.5℃ ~ 173℃。

一、实验目的

了解拼合原理在药物结构修饰中的应用。

二、实验原理

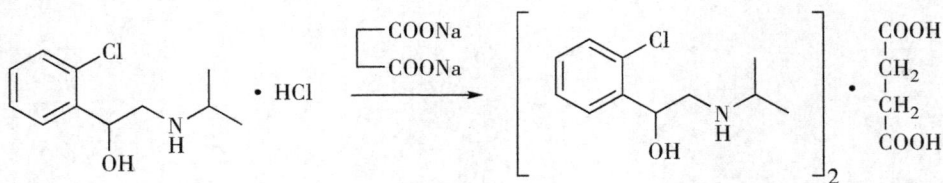

图 19-1   琥珀酸喘通实验的制备原理

三、实验步骤

称取盐酸喘通 4.5g，溶于 5 ~ 7ml 水中，置水浴中温热，制成饱和溶液。另称取琥珀酸钠 4.9g 溶于 5ml 水中，制成饱和溶液。然后，在不断搅拌下，将盐酸喘通溶液加入琥珀酸钠溶液中，慢慢析出琥珀酸喘通盐结晶，抽滤，结晶用 10ml 水分 2 次迅速洗涤，干燥，测熔点，计算收率。

实验二十　苦杏仁酸制备工艺

苦杏仁酸（20-1）是尿路杀菌剂扁桃酸乌洛托品、末梢血管扩张剂环扁桃酸、滴眼药羟苄唑及托品类解痉剂的重要中间体；用于有机合成及医药工业，临床用作尿液防腐剂。也用作测定锆的试剂，也是定铜试剂。

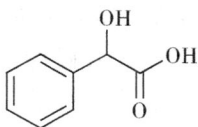

（20-1）苦杏仁酸

苦杏仁酸化学名为 α-羟基苯乙酸，本品为白色结晶或结晶性粉末，无色片状或粉末状固体，见光变色，有微臭；易溶于热水、乙醚和异丙醇；mp 119℃。

一、实验目的

掌握苦杏仁酸的合成方法、测定方法。

二、实验原理

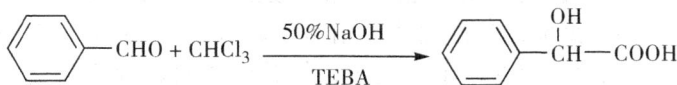

图 20-1　苦杏仁酸实验的制备原理

三、实验步骤

1. 在装有搅拌器、滴液漏斗、温度计和球形冷凝器的 100ml 三颈瓶中加入 10.6g（0.1mol）苯甲醛、1.3g 氯化三乙基苄基铵和 24g（16ml，0.2mol）氯仿。开始搅拌并缓慢加热，待温度升到 55℃~65℃时，缓慢滴入 50% 氢氧化钠溶液 25ml，控制滴加速度，维持反应温度在 55℃~65℃之间，之后维持此温度搅拌 1 小时。

2. 当反应混合物冷至室温后，停止搅拌，倒入 200ml 水中，用乙醚萃取 2 次，每次 20ml，除掉未反应的氯仿等有机物，此时水层为亮黄色透明状。水层用 50% 硫酸酸化至 pH 1~2，再用乙醚萃取 4 次，每次 20ml，合并 4 次萃取液，在常压下将乙醚蒸去，用无水硫酸钠干燥，得纯产物。

3. 称量，计算产率，测定熔点和红外光谱，与已知的苦杏仁酸的红外光谱图对比，并指出其主要吸收带的归属。

实验二十一 盐酸小檗碱的制备工艺

　　盐酸小檗碱（berberine）是一种异喹啉生物碱，分子式为 $C_{20}H_{18}NO_4$，又称黄连素。存在于小檗科等四科十属的多种植物中。

　　小檗碱属于季胺碱。其游离碱为黄色针状结晶（乙醚），熔点 145℃，小檗碱能缓缓溶于冷水（1:20），可溶于冷乙醇（1:100），易溶于热水或热乙醇。难溶于苯、丙酮、氯仿，几乎不溶于石油醚。小檗碱与氯仿、丙酮、苯在碱性条件下均能形成加成物。

　　盐酸小檗碱对痢疾杆菌、大肠杆菌、肺炎双球菌、金葡菌、链球菌、伤寒杆菌及阿米巴原虫有抑制作用。临床主要用于肠道感染及菌痢等。近来还发现本品有抗心律失常的作用。小檗碱有较强的体内外抗肿瘤活性并能诱导 B_{16} 细胞分化。

一、实验目的

1. 熟悉盐酸小檗碱提取过程中各步的操作原理和方法。
2. 通过对成品盐酸小檗碱的检识，进一步巩固其特征检识反应。

二、实验原理

　　从植物原料中提取小檗碱时常用稀硫酸水溶液浸泡或渗漉，根据小檗碱的盐酸盐在水中溶解度小（1:500），而小檗碱的硫酸盐水中溶解度较大（1:30）的特征。向提取液中加10%的食盐，在盐析的同时，也提供了氯离子，使其硫酸盐转变为氯化小檗碱（即盐酸小檗碱）而析出。

三、实验步骤

1. 盐酸小檗碱的提取

　　黄连成药 100g，碾成粗粉，置于 2000ml 烧杯中，加入 8 倍量的 0.3% 硫酸水溶液浸泡24 小时，用脱脂棉过滤，滤液加石灰乳调 pH 12，静置 30 分钟，用脱脂棉过滤，滤液用浓盐酸调 pH 2~3，再加入滤液量 10%（W/V）的固体氯化钠，搅拌使其完全溶解后，继续搅拌至溶液出现微浊现象为止，放置过夜，将析出的盐酸小檗碱沉淀抽滤，得盐酸小檗碱粗品。

2. 盐酸小檗碱的精制

　　取所得粗品（不需干燥）放入 20 倍量沸水中，搅拌溶解，继续加热数分钟，趁热过滤。滤液放置过夜，滤取结晶，用蒸馏水洗数次，抽干，80℃干燥，即得精制的盐酸小檗碱。

3. 盐酸小檗碱的检识

　　（1）浓硝酸或漂白粉试验：取盐酸小檗碱少许，加稀硫酸 8ml 溶解，分置于两支试管中。在一支试管逐滴加入浓硝酸 2 滴，即显樱红色。另一支试管中加入少许漂白粉，也立即显樱红色。

（2）丙酮试验：取盐酸小檗碱约50mg，加蒸馏水5ml缓缓加热，溶解后加氢氧化钠试剂2滴，显橙色。溶液放冷，过滤，取澄清滤液，加丙酮4滴，即发生混浊。放置后析出黄色丙酮小檗碱沉淀。

实验二十二   L-胱氨酸的制备工艺

胱氨酸供生物化学和营养研究用。医药上,有促进机体细胞氧化和还原机能,能增加白细胞和阻止病原菌发育作用。主要用于各种脱发症,也用于痢疾、伤寒、流感、气喘、神经痛、湿疹以及各种中毒病患者等,并有维持蛋白质构型作用;食品加工业上可作食品添加剂的调味剂、营养增补剂。

L-胱氨酸(L-Cystine,L-Cys$_2$,22-1)存在于所有蛋白质分子中,尤其在毛、发及蹄甲等角蛋白中含量最多,人发中含量达 17.6%。其分子由两分子半胱氨酸脱氢氧化而成,含两个氨基、两个羧基及一个二硫键,分子式为 $C_6H_{12}N_2O_4S_2$,相对分子质量为 240.29。

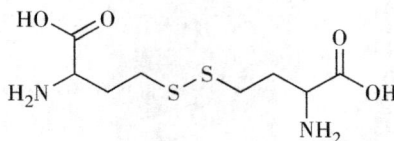

(22-1)   L-胱氨酸

L-胱氨酸化学名为 3,3′-二硫代丙氨酸,也称双硫丙氨酸。

L-胱氨酸在稀酸中形成六角形或六角柱形晶体,分解点 258℃~261℃,pI 为 4.6,$[\alpha]_D^{20}$ 为 -232°($C=0.5~2.0g/ml$,在 5mol/L 盐酸中)。在 25℃水中溶解度为 0.011%,在 75℃水中溶解度为 0.052%。溶于无机酸及无机碱,在热碱液中可分解。不溶于乙醇、乙醚及丙酮。可被还原为 L-半胱氨酸。生产上,常用猪毛和人发作原料,经水解、分离、结晶等步骤制备。

一、实验目的

1. 了解从毛发中提取胱氨酸的原理和意义,掌握提取方法。
2. 掌握带有电动搅拌器、测温仪的回流装置的安装及操作技术。
3. 掌握用油浴进行加热、恒温操作的技术。
4. 掌握利用脱色、结晶、重结晶提纯有机化合物的操作方法。
5. 掌握用氧化还原滴定法测定胱氨酸含量的分析方法。

二、实验步骤

人发或猪毛 $\xrightarrow[\text{117℃，6.5\~7小时}]{[水解]\text{盐酸}}$ 水解液 $\xrightarrow[\text{pH4.8}]{[中和]\text{氢氧化钠}}$ L-胱氨酸粗品（Ⅰ）$\xrightarrow[\text{85℃，0.5小时}]{[粗制]\text{盐酸，活性炭}}$

滤液 $\xrightarrow[\text{pH4.8}]{[中和]\text{氢氧化钠}}$ L-胱氨酸粗品（Ⅱ）$\xrightarrow[\text{85℃，0.5小时}]{[精制]\text{盐酸，活性炭}}$ 滤液 $\xrightarrow[\text{pH3.5\~4.0}]{[中和]\text{氨水}}$ L-胱氨酸

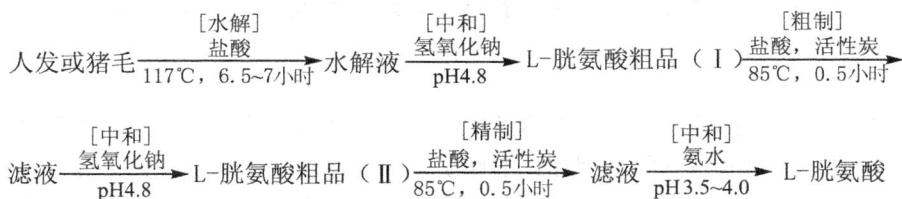

图 22－1　L－胱氨酸制备工艺流程

［水解］取 10mol/L 盐酸 1000g 于 2000g 水解罐中，加热至 70℃～80℃，投入毛发 550g，加热至 100℃，再于 1～1.5 小时内升温至 110℃～117℃，水解 7 小时（自 100℃时计）后出料，涤纶布过滤，收集滤液。

［中和］搅拌下向上述滤液中加入 30% 工业液碱至 pH3.0 后减速加入，直至 pH4.8，静置 36 小时，涤纶布滤取沉淀，离心甩干，得 L－胱氨酸粗品（Ⅰ）。

［粗制］取上述粗品（Ⅰ）200g，加 10mol/L 盐酸 120g，水 480g，升温至 65℃～70℃，搅拌 30 分钟，加活性炭 16g，于 80℃～90℃保温 30 分钟，滤除活性炭。搅拌下用 30% 工业液碱调滤液至 pH4.8，静置结晶，吸出上清液后，底部沉淀经离心甩干，得胱氨酸粗品（Ⅱ）。

［精制、中和］取上述粗品（Ⅱ）50g，加 1mol/L 盐酸 250ml，升温至 70℃溶解，加活性炭 1.5～2.5g，85℃搅拌 30 分钟，过滤，滤液应无色透明。加 1.5 倍体积蒸馏水（V/V），升温至 75℃～80℃。搅拌下用 12% 氨水中和至 pH3.5～4.0，析出结晶，滤取胱氨酸结晶，蒸馏水洗至无氯离子，抽滤真空干燥，得精制 L－胱氨酸成品。

实验二十三 D-甘露醇注射液的制备工艺

甘露醇是一种多元醇或糖醇，其天然品广泛存在于植物、藻类、食用菌类和地衣类等生物体内。由于甘露醇具有特殊的物理和化学性质，因此在食品、医药和化工等行业有着广泛应用。目前甘露醇工业化生产主要采用海带提取法和化学合成法，但这两种方法都存在着不足之处。为了提高甘露醇的产率，同时避免联产物山梨醇的产生，人们一直试图通过微生物发酵的途径生产甘露醇。经过多年的试验研究，微生物发酵法生产甘露醇已经取得很大进展。

甘露醇（mannitol，23-1）为白色针状结晶，学名己六醇 $[C_6H_8(OH)_6]$，又称 D-甘露糖醇、木蜜醇，无臭，有甜味，熔点 166℃，相对密度 1.489（20℃），沸点 290℃~295℃（467kPa）。1g 该品可溶于约 5.5ml 水、83ml 醇，较多溶于热水，溶于吡啶和苯胺，不溶于醚。水溶液呈碱性。该品是山梨糖醇的异构化体，山梨糖醇的吸湿性很强，而该品完全没有吸湿性。

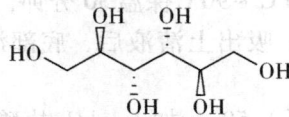

（23-1）己六醇

一、实验目的

1. 了解 D-甘露醇的制备原理。
2. 了解 D-甘露醇不同制备方法的工艺条件及操作方法。
3. 掌握微生物发酵的操作过程。

二、实验步骤

1. 海带提取法

海带 $\xrightarrow[\text{自来水}]{\text{[浸泡提取]}}$ 浸泡液 $\xrightarrow[\text{pH10~11,8小时}]{\text{[凝集黏性物]}}$ 上清液 $\xrightarrow[\text{pH6~7}]{\text{[中和]}}$ 中性提取液 $\xrightarrow[\text{110℃~115℃}]{\text{[浓缩]}}$

浓缩液 $\xrightarrow[\text{2:1 95\%乙醇}]{\text{[乙醇沉淀]}}$ 沉淀物 $\xrightarrow[\text{乙醇回流}]{\text{[除杂质]}}$ 粗品甘露醇 $\xrightarrow[\text{H}_2\text{O, 活性炭}]{\text{[精制]}}$ 结晶甘露醇

$\xrightarrow[\text{105℃~110℃}]{\text{[干燥]}}$ 药用甘露醇

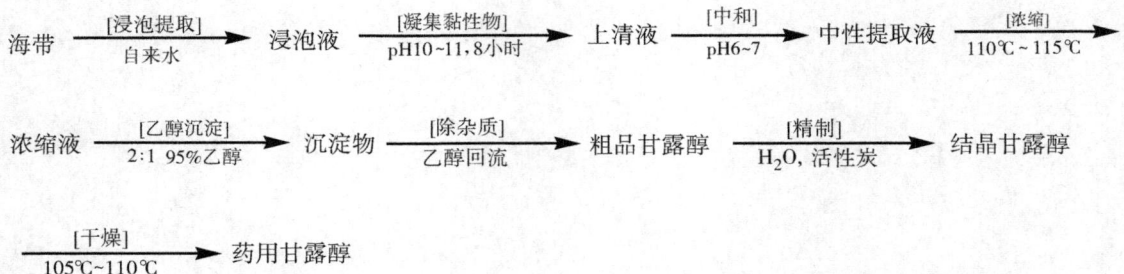

图 23-1 甘露醇提取法工艺流程

[提取、碱化、中和]海带加 10～20 倍自来水，室温浸泡 2～3 小时，同时用手擦洗，将表面的甘露醇洗入水中，如此大约洗 3～4 次，洗液含醇量达 1.5% 以上。浸泡液套用第二批原料的提取溶剂进行二次提取。将上述洗液用 30% 氢氧化钠溶液调节 pH 值为 10～11，静置 8 小时，使胶状多糖类黏性物充分沉淀。虹吸上清液，用硫酸酸化 pH 值至 6～7，进一步除去胶状物，得中性提取液。

[浓缩、沉淀]沸腾浓缩中性提取液，同时防止烧焦，除去胶状物，直到浓缩液含甘露醇 30% 以上，冷却至 60℃～70℃，趁热加入 2 倍量 95% 乙醇，搅拌均匀，冷至室温，离心收集沉淀物。

[精制]沉淀物用 8 倍量 95% 乙醇回流 30 分钟，出料，冷却过夜，离心得粗品甘露醇，含量 70%～80%。重复操作一次，经乙醇重结晶后，含量可提高至 90% 以上，氯化物含量低于 0.5%。将此样品溶于适量蒸馏水中，加 1/10 左右的活性炭脱色，80℃ 保温 0.5 小时，滤过。清液冷却至室温，结晶，抽滤，洗涤，105℃～110℃ 干燥，得精品甘露醇。

2. 微生物发酵法

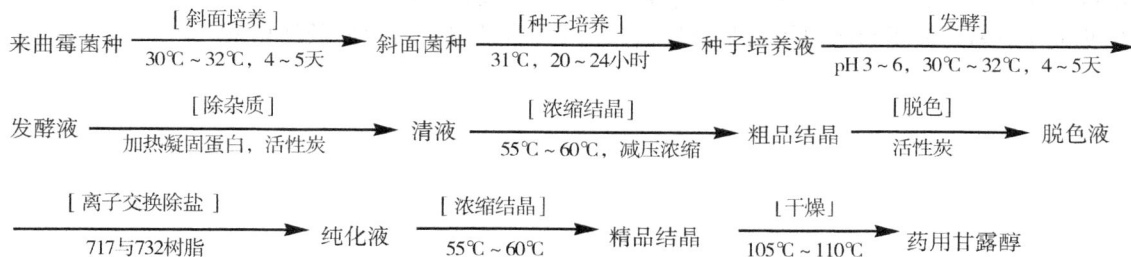

图 23-2　甘露醇微生物发酵法工艺流程

[菌种制备]制备甘露醇的菌种为精心选育的来曲霉菌 *Aspergillus oryaze* 3.409。将菌种接种于斜面培养基中，于 30℃～32℃ 培养 4 天。斜面可在 4℃ 冰箱中储存，2～3 个月需传代一次，使用前重新活化培养。

斜面培养基制备：取麦芽 1g，加水 4.5ml，于 55℃ 保温 1 小时，升温至 62℃，再保温 5～6 小时，加温煮沸后，用碘液检测糖度应在 12°Bé 以上，pH 5.1 以上，即可存于冷室备用。取此麦芽汁加 2% 琼脂，灭菌后制成斜面，于 4℃ 冰箱保存备用。

[种子培养]取经活化培养 4 天的斜面菌种 2 支，转接于 17.5ml 种子培养基中，在 30℃～32℃ 搅拌下通气培养 20～24 小时，通风比为 1:5m³/min，搅拌速度 350r/min，罐压 1kg/cm²。

种子培养基：NaNO₃ 0.3%，KH₂PO₄ 0.1%，MgSO₄ 0.05%，KCl 0.05%，FeSO₄ 0.001%，玉米浆 0.5%，淀粉糖化液 2%，玉米粉 2%，pH 6～7。

[发酵]于 500ml 发酵罐中，加入 350ml 发酵培养基，1.5kg/cm² 蒸汽灭菌 30 分钟，移入种子培养液，接种量 5%，30℃～32℃ 发酵 4～5 天，通风比为 1:0.3 m³/min，发酵 24 小时后改为 1:0.4m³/min，罐压 101kPa，搅拌速度 230r/min，配料时添加适量豆油，防止产生泡沫。发酵培养基与种子培养基相同。

[提取、分离] 发酵液加热至100℃ 5分钟，凝固蛋白，加入1%活性炭，80℃~85℃加热30分钟，离心，澄清滤液于55℃~60℃真空浓缩至31°Bé，于室温结晶24小时，甩干得甘露醇结晶。将结晶溶于0.7倍体积水中，加2%活性炭，70℃加热30分钟，过滤。上清液通过强碱阴离子树脂717型与强酸阳离子树732型进行洗脱，至洗脱液无氯离子存在为止。

[浓缩、结晶] 精制液于55℃~60℃真空浓缩至25°Bé，浓缩液于室温结晶24小时，甩干晶体，置于105℃~110℃烘干，得精制甘露醇。

3. 甘露醇注射液

取适量注射用水，按20%标示量，称取结晶甘露醇，加热90℃搅拌溶解后，加入1%活性炭，加热5分钟，过滤，再补足注射用水至标示量，检测pH4.5~6.5和含量，合格后，经 G_3 垂熔玻璃漏斗澄清过滤，分装于50ml、100ml、250ml安瓿瓶或输液瓶中，以101kPa蒸汽灭菌40分钟，即得甘露醇注射液。20%甘露醇注射液是饱和溶液，为防止在温度过低时析出结晶，配制时需保温45℃左右趁热过滤。5.07%甘露醇溶液为等渗溶液，长时间高温加热，会引起色泽变黄，在pH 8时尤为明显，配制时应注意操作。含热原的注射液可通过阳离子树脂与阴离子树脂处理，制得pH合适又不含热原的注射液。

实验二十四　透明质酸的制备工艺

透明质酸（hyaluronic acid，HA，24 - 1），又称玻璃酸。透明质酸是一种酸性黏多糖，1934 年美国哥伦比亚大学眼科教授 Meyer 等首先从牛眼玻璃体中分离出该物质。透明质酸是构成人体细胞间质、眼玻璃体、关节液等结缔组织的主要成分，在体内发挥保水、维持细胞外空间、调节渗透压、润滑、促进细胞修复的重要生理功能。透明质酸分子中含有大量的羧基和羟基，在水溶液中形成分子内和分子间的氢键，这使其具有强大的保水作用，可结合自身 400 倍以上的水；在较高浓度时，由于其分子间作用形成的复杂的三级网状结构，其水溶液又具有显著的黏弹性。透明质酸作为细胞间基质的主要成分，直接参与细胞内外电解质交流的调控，发挥物理和分子信息过滤器的作用。大分子透明质酸对细胞移动、增殖、分化及吞噬功能有抑制作用，小分子透明质酸则有促进作用。

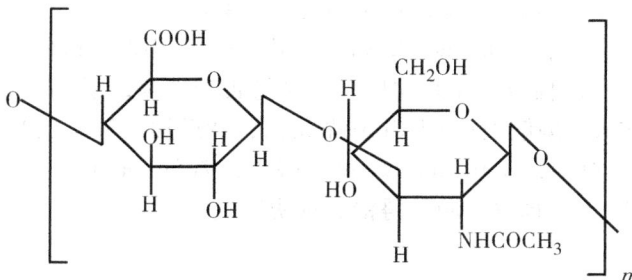

（24 - 1）　透明质酸

透明质酸是由（1→3）-2-乙酰氨基-2-脱氧-β-葡萄糖（1→4）-O-β-D-葡萄糖醛酸双糖重复单位所组成的直链多聚糖，分子链的长度及分子量是不均一的，分子量范围一般为 50 万~200 万，双糖单位数为 300~1100 对，属于生物大分子。商品透明质酸钠（sodium hyaluronic，SH），为白色纤维状或粉末状固体，有较强的吸湿性，溶于水，不溶于醇、酮、乙醚等有机溶剂。

一、实验目的

1. 掌握动物组织丙酮脱水的方法。
2. 掌握动物组织除蛋白的方法。
3. 了解透明质酸的制备原理和工艺。

二、实验步骤

鸡冠 $\xrightarrow[\text{丙酮}]{[\text{脱水}]}$ 粉碎鸡冠 $\xrightarrow[\text{蒸馏水}]{[\text{提取}]}$ 提取液 $\xrightarrow[\text{氯仿}]{[\text{除蛋白}]}$ 澄清液 $\xrightarrow[\text{95\%乙醇}]{[\text{沉淀}]}$ 粗品透明质酸

$\xrightarrow[\text{0.1mol/L NaCl，1mol/L HCl，pH 4.5~5.0}]{[\text{溶解}]}$ 溶解液 $\xrightarrow[\text{链霉蛋白酶，37℃，24小时}]{[\text{酶解}]}$ 酶解液 $\xrightarrow[\text{氯仿}]{[\text{除蛋白}]}$ 澄清液

$\xrightarrow[\text{1\%CPC}]{[\text{络合}]}$ 沉淀 $\xrightarrow[\text{0.4mol/L NaCl}]{[\text{解离}]}$ 解离液 $\xrightarrow[\text{95\%乙醇}]{[\text{沉淀}]}$ 沉淀 $\xrightarrow{[\text{干燥}]}$ 精品透明质酸

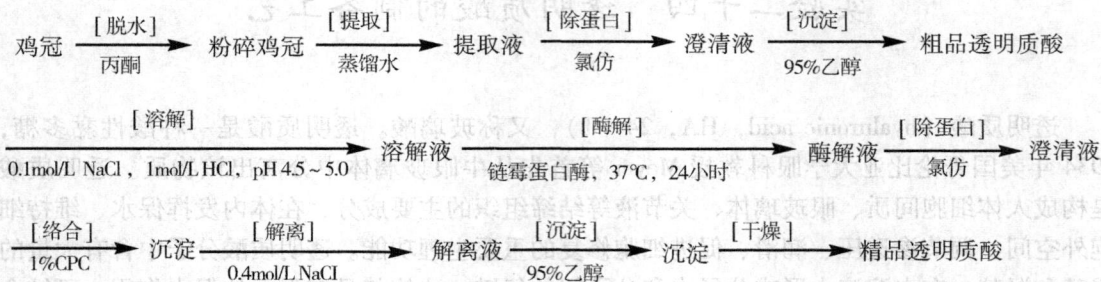

图 24-1 透明质酸的制备工艺流程

[脱水、提取] 新鲜鸡冠用丙酮脱水后粉碎，加蒸馏水浸泡提取 24 小时，重复 3 次，合并滤液。

[除蛋白、沉淀] 提取液与等体积 $CHCl_3$ 混合搅拌 3 小时，分出水相，加 2 倍量 95% 乙醇，收集沉淀，丙酮脱水，真空干燥，得粗品透明质酸。

[酶解] 粗品透明质酸溶于 0.1mol/L NaCl，用 1mol/L HCl 调 pH 4.5~5.0，加入等体积 $CHCl_3$ 搅拌，分出水层，用稀 NaOH 调 pH 7.5，加链霉蛋白酶，于 37℃，酶解 24 小时。

[络合、解离、沉淀] 酶解液用 $CHCl_3$ 除杂蛋白，然后加入等体积 1% 氯化十六烷基吡啶（CPC），放置后，收集沉淀，用 0.4mol/L NaCl 解离，离心，取上清液，加入 3 倍量 95% 乙醇，收集沉淀，丙酮脱水，真空干燥，得精品透明质酸。

实验二十五　前列腺素 E_2 的制备工艺

前列腺素（prostaglandin，PG，25－1）是由存在于动物和人体中的一类不饱和脂肪酸组成的具有多种生理作用的活性物质。最早发现存在于人的精液中，当时以为这一物质是由前列腺释放的，因而定名为前列腺素。前列腺素（PG）在体内由花生四烯酸合成，结构为一个五环和两条侧链构成的二十碳不饱和脂肪酸。按其结构，前列腺素分为 A、B、C、D、E、F、G、H、I 等类型。不同类型的前列腺素具有不同的功能，生理作用极为广泛。PGE 能舒张支气管平滑肌，降低通气阻力；扩张血管，增加器官血流量，降低外周阻力，并有排钠作用，从而使血压下降；对胃液的分泌有很强的抑制作用；但对胃肠平滑肌却增强其收缩；还能够收缩妊娠子宫平滑肌。临床上用于治疗哮喘及高血压，亦用于催产，早期及中期引产。

前列腺素合成酶存在于动物组织中，如羊精囊、羊睾丸、兔肾髓质及大鼠肾髓质等，以羊精囊含量为最高。另外大豆类脂氧化酶－2 及 Achlya americana ATCC 10977 和 Achlya bisexualis ATCC 11397 等微生物也可将花生四烯酸转化为前列腺素。目前多采用羊精囊为酶源，以花生四烯酸为原料生产 PGE_2，其反应最适温度为 30℃～38℃，最适 pH 为 7.5～8.5，反应辅助因子有谷胱甘肽和抗氧剂。

前列腺素 E_2（prostaglandin E_2，PGE_2）为含羰基及羟基的二十碳五元环不饱和脂肪酸，化学名称为 11α,15（S）－二羟基－9－羰基－5－顺－13－反前列双烯酸，分子式为 $C_{20}H_{32}O_5$，相对分子质量为 352。

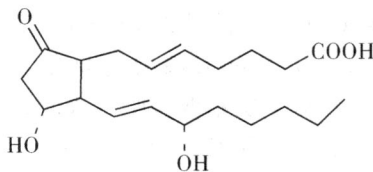

（25－1）　前列腺素 E_2

前列腺素 E_2 为白色结晶，mp 68℃～69℃，溶于醋酸乙酯、丙酮、乙醚、甲醇及乙醇等有机溶剂，不溶于水。在酸性和碱性条件下可分别异构化为前列腺素 A_2 和前列腺素 B_2，后两者紫外吸收最大波长分别为 217nm 和 278nm。

一、实验目的

1. 了解酶的制备方法及使用方法。
2. 了解酶催化法制备前列腺素（PGE_2）的原理及方法。

二、实验步骤

羊精囊 ──[提取]──→ 酶液

花生四烯酸 ──[转化]37℃──→ 转化液 ──[提取]丙酮 过滤──→ 滤液 ──[浓缩]减压蒸馏──→ 浓缩液 ──[萃取, 浓缩]乙醚, 氯仿 减压蒸馏──→

PGE粗品 ──[分离, 浓缩]柱层析 减压蒸馏──→ PGE$_2$粗品 ──[纯化, 浓缩]柱层析 减压蒸馏──→ 浓缩物 ──[结晶]乙酸乙酯 过滤──→ 结晶 ──[干燥]35℃──→ 纯品

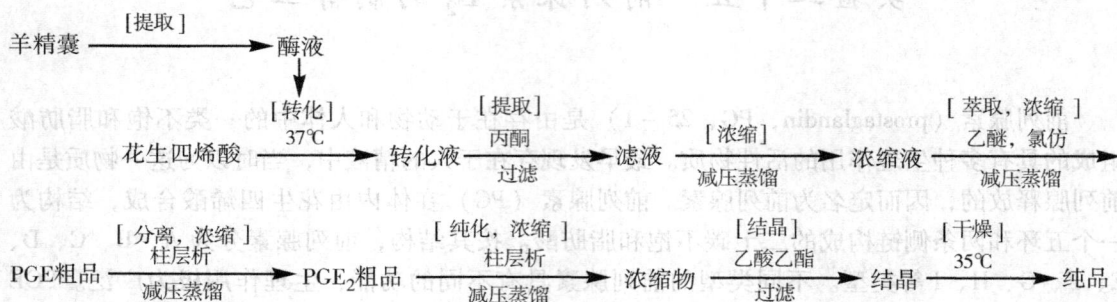

图 25 - 1　前列腺素 E$_2$ 的制备工艺流程

[酶的制备] 取 -30℃ 冷冻羊精囊, 去除结缔组织及脂肪, 按每公斤加 1L 0.154mol/L 氯化钾溶液, 分次加入匀浆, 然后 4000r/min 离心 25 分钟, 取上层液双层纱布过滤, 滤渣再用氯化钾溶液匀浆, 如上法离心及过滤。合并滤液。用 2mol/L 柠檬酸溶液调至 pH 5.0 ± 0.2, 如上法离心弃去上层液。用 100ml 0.2mol/L 磷酸缓冲液 (pH 8.0) 洗出沉淀, 再加 100ml 16.25μmol/L EDTA - 2Na 溶液搅匀, 最后以 2mol/L 氢氧化钾溶液调 pH 8.0 ± 0.1 即得酶液。

[转化] 取上述酶制剂混悬液, 按每升混悬液称取 40mg 氢醌和 500mg 谷胱甘肽计, 用少量水溶解后并入酶液。再按每公斤羊精囊加 1g 花生四烯酸, 通氧搅拌, 升温至 37℃ 并于 37℃ ~38℃ 转化 1 小时, 加 3 倍体积 (V/V) 丙酮终止反应并去酶。

[前列腺素粗品制备] 上述反应液经过滤, 压干。滤渣再用少量丙酮抽提 1 次, 于 45℃ 减压浓缩回收丙酮, 浓缩液用 4mol/L HCl 溶液调 pH 3.0, 以 2/3 体积 (V/V) 乙醚分 3 次萃取, 取醚层再以 2/3 体积 (V/V) 0.2mol/L 磷酸缓冲液分 3 次萃取。水层再以 2/3 体积 (V/V) 石油醚 (沸程 30℃ ~60℃) 分 3 次萃取脱脂。水层以 4mol/L HCl 调 pH 3.0, 以 2/3 体积二氯甲烷 (V/V) 分 3 次萃取, 二氯甲烷用少量水洗涤, 去水层。二氯甲烷层加无水硫酸钠密封于冰箱内脱水过夜, 滤出硫酸钠, 滤液于 40℃ 减压浓缩得黄色油状物即为前列腺素粗品。

[前列腺素 E$_2$ 分离] 前列腺素粗品:100 ~160 目活化硅胶按 15:1 混悬于氯仿中, 装柱。前列腺素粗品用少量氯仿溶解上柱, 依次以氯仿、98:2 (V/V) 的氯仿 – 甲醇、96:4 (V/V) 氯仿 – 甲醇洗脱, 分别收集前列腺素 A 和前列腺素 E 洗脱液 (硅胶薄层鉴定追踪), 35℃ 下减压浓缩除有机溶剂, 得前列腺素 E$_2$ 粗品。

[前列腺素 E$_2$ 纯化] 前列腺素 E$_2$ 粗品:200 ~250 目活化硝酸银硅胶 (1:10, W/W) 按 20:1 悬浮于醋酸乙酯:冰醋酸:石油醚 (沸程 90℃ ~120℃):水 (200:22.5:125:5, V/V) 展开剂中装柱。样品以少量上述展开剂溶解上柱, 并用上述展开剂洗脱, 分别收集前列腺素 E 和前列腺素 E$_2$ 洗脱液 [以硝酸银硅胶 G 制板 (1:10, W/W), TLC 鉴定追踪], 分别于

35℃下充氮减压浓缩至无醋酸味，用适量醋酸乙酯溶解，少量水洗酸，生理盐水除银。醋酸乙酯溶液用无水硫酸钠充氮密封于冰箱中脱水过夜，过滤，滤液于35℃下充氮减压浓缩除尽有机溶剂，得 PGE_2 纯品。经醋酸乙酯－己烷结晶可得前列腺素 E_2 结晶品。前列腺素 E_1 可用少量醋酸乙酯溶解后置冰箱得结晶（mp 115℃～116℃）。

实验二十六 L–亮氨酸的制备工艺

L–亮氨酸（26–1）又称白氨酸，1819年Proust首先从奶酪中分离得到，后来Braconnot从肌肉与羊毛的酸水解物中得到其结晶，并定名为亮氨酸。由于L–亮氨酸和L–异亮氨酸、L–缬氨酸的分子结构中都含有一个甲基侧链而被称为支链氨基酸（branched chain aha acids，BCAA）。

L–亮氨酸（L–Leucine，L–leu）为人体必需氨基酸之一，存在于所有蛋白质中，以玉米麸质及血粉中含量最丰富，其次在角甲、棉籽饼和鸡毛中含量也较高。

L–亮氨酸化学名为2–氨基–4–甲基戊酸或2–氨基异己酸，分子式为$C_6H_{13}NO_2$，相对分子质量为131.17。

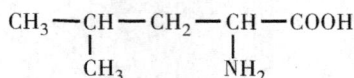

$$CH_3—CH—CH_2—CH—COOH$$
$$\quad\quad\ |\quad\quad\quad\quad\ |$$
$$\quad\quad CH_3\quad\quad\quad NH_2$$

（26–1） L–亮氨酸

L–亮氨酸为白色片状结晶，pI为5.98，mp 293℃，$[\alpha]_D^{20}$为+16°（$C=0.5\sim2.0$g/ml，在5mol/L盐酸中），$[\alpha]_D^{25}$为+11°（$C=0.5\sim2.0$g/ml，在水中）。在25℃水中溶解度为2.19%，乙醇中溶解度为0.017%，在75℃水中的溶解度为3.82%，在醋酸中溶解度为10.9%，不溶于乙醚。

一、实验目的

1. 了解从动物血中制备L–亮氨酸的原理和意义，掌握其制备方法。
2. 掌握活性炭吸附原理及操作方法。

二、实验步骤

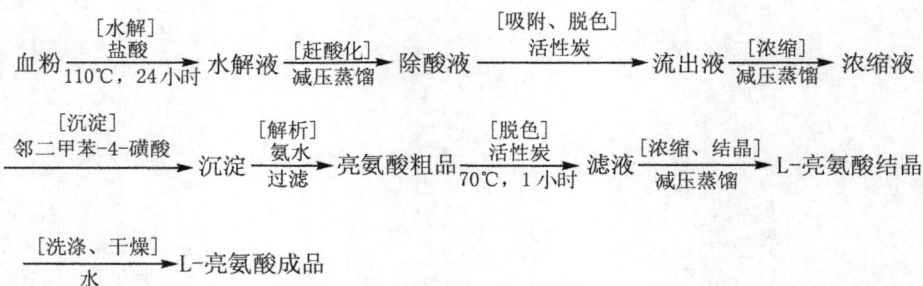

图 26–1 L–亮氨酸制备工艺流程

［水解、赶酸］取6mol/L HCl 500ml于1000g水解罐中，投入100g动物血粉，110℃～

120℃回流水解24小时后，于70℃~80℃减压浓缩至糊状。加50ml水稀释后，再浓缩至糊状，如此赶酸化3次，冷却至室温滤除残渣，得滤液。

[吸附、脱色] 将上述滤液稀释1倍后，以0.5L/min的流速流进颗粒活性炭柱（Φ300mm×1800mm）至流出液出现苯丙氨酸为止，用去离子水以同样流速洗至流出液pH 4.0为止，穿柱液与洗涤液合并。

[浓缩、沉淀与解析] 将上述合并液减压浓缩至进柱液体积的1/3，搅拌下加入1/10体积（V/V）的邻二甲苯-4-磺酸，产生亮氨酸磺酸盐沉淀。滤取沉淀并用2倍体积（W/V）去离子水搅拌洗涤2次，抽滤压干得滤饼（亮氨酸磺酸盐）。将滤饼加2倍体积（W/V）去离子水搅匀，用6mol/L氨水中和至pH 6.0~8.0，70℃~80℃保温搅拌1小时，冷却过滤。沉淀用2倍体积（W/V）去离子水搅拌洗涤2次，过滤得亮氨酸粗品。

[精制] 将L-亮氨酸粗品用40倍体积（W/V）去离子水加热溶解，加0.5%（W/V）活性炭于70℃搅拌脱色0.5小时，过滤，滤液浓缩至原体积的1/4，冷却后即析出白色片状亮氨酸结晶。过滤收集结晶，用少量水洗涤、抽干，70℃~80℃烘干得L-亮氨酸成品。

实验二十七　青霉素钾盐的制备工艺

　　青霉素（benzylpenicillin）又被称为青霉素 G。青霉素是抗菌素的一种，是指从青霉菌培养液中提取的分子中含有青霉烷、能破坏细菌的细胞壁并在细菌细胞的繁殖期起杀菌作用的一类抗生素，是第一种能够治疗人类疾病的抗生素。

　　青霉素类抗生素的毒性很小，是由于 β - 内酰胺类抗菌素作用于细菌的细胞壁，而人类只有细胞膜无细胞壁，故对人类的毒性较小，除能引起过敏反应外，在一般用量下，其毒性不甚明显。但青霉素类抗生素常见的过敏反应在各种药物中居首位，发生率最高可达 5% ~ 10%，为皮肤反应，表现为皮疹、血管性水肿，最严重者为过敏性休克，多在注射后数分钟内发生，症状为呼吸困难、发绀、血压下降、昏迷、肢体强直，最后惊厥，抢救不及时可造成死亡。各种给药途径或应用各种制剂都能引起过敏性休克，但以注射用药的发生率最高。过敏反应的发生与药物剂量大小无关。对本品高度过敏者，虽极微量亦能引起休克。大剂量长时间注射对中枢神经系统有毒性（如引起抽搐、昏迷等），停药或降低剂量可以恢复。

一、实验目的

　　了解青霉素的萃取方法及其钾盐的制备。

二、实验原理

　　青霉素以游离酸或成盐状态存在时，在水及与水不互溶的溶媒中的溶解度不同，在一定温度下达到平衡时，青霉素在两相间浓度的关系服从分配定律。青霉素游离酸在酸性条件下转入溶媒相，在碱性条件下以盐的状态反萃取到水相，经过第二次转入溶媒相后，掺入醋酸钾，获得青霉素钾盐结晶。

三、实验步骤

1. 青霉素的萃取

　　将一份青霉素粗品用 60ml 常水溶解。取出一定量溶液做效价测定，剩余部分用 10% 硫酸调 pH 2.0 ~ 2.2，然后倒入分液漏斗中，于分液漏斗中加入 25ml 醋酸丁酯，振摇 20 分钟，静置 10 ~ 15 分钟，分出水相并做效价测定。

　　于酯相中加入 2% 碳酸氢钠 30ml，振摇 20 分钟，静置 10 ~ 15 分钟，分出水层，测定效价。然后用 10% 硫酸将水相调至 pH 2.0 ~ 2.2，酯层弃去。

　　于分液漏斗中加入 25ml 醋酸丁酯。振摇 20 分钟，静置分层后弃去水相。于酯相中加入少量无水硫酸钠，振摇片刻，过滤。滤液中加入 50% 醋酸钾乙醇溶液 1ml，30℃ 水浴中搅拌 10 分钟，析出青霉素钾盐。抽滤得青霉素钾盐湿品，自然风干后称重。

2. 青霉素化学效价测定

　　将样品溶液按估计效价用蒸馏水稀释至 1000U/ml。准确吸取稀释液 5ml 于 250ml 碘量瓶中，加入 1mol/L 氢氧化钠 1ml，于室温放置 20 分钟，然后依次加入 1mol/L 盐酸 1ml，pH 4.5 醋酸缓冲溶液 5ml，0.01mol/L 碘标准溶液 20ml，于暗处放置 20 分钟，加 0.5% 淀粉指示剂约 1ml，用 0.01mol/L 硫代硫酸钠标准溶液滴定至蓝色消失。

　　空白滴定：取稀释液 5ml 于 250ml 碘量瓶中，依次加入 pH 4.5 醋酸缓冲液 5ml，0.01mol/L 标准溶液 20ml，于暗处放置 20 分钟，加 0.5% 淀粉指示剂约 1ml，用 0.01mol/L 硫代硫酸钠标准溶液滴定至蓝色消失。

实验二十八　芦丁磷脂复合物的制备工艺

　　芦丁（rutin，28-1）又名维生素 P，也叫芸香苷（rutioside），具有维生素 P 样作用、抗病毒作用和抗炎作用；芦丁还具有抑制醛糖还原酶作用。临床上用于防治脑溢血、高血压、视网膜出血、急性出血性肾炎，对慢性支气管炎、糖尿病、白内障也有较好的治疗作用。

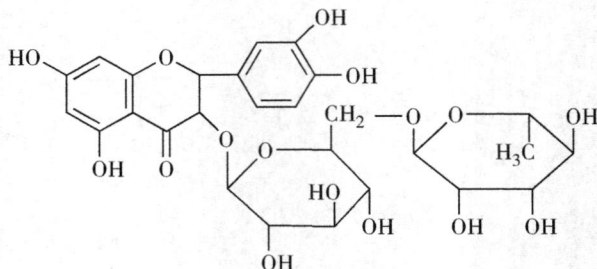

（28-1）　芦丁

　　芦丁化学名为槲皮素-3-O-葡萄糖-O-鼠李糖，分子式为 $C_{27}H_{30}O_{16} \cdot 3H_2O$，相对分子质量 610.5，为浅黄色针状结晶，无臭。1g 芦丁溶于 8000ml 冷水，200ml 沸水，在碱性溶液中易溶，可溶于甲醇及乙丙醇，在氯仿、乙醚和苯中不溶。mp 176℃~78℃，约在 215℃ 时分解。比旋光度为 $[\alpha]_D^{23} + 13.87°$（乙醇），$[\alpha]_D^{23} - 39.43°$（吡啶）。甲醇中最大吸收波长为 258nm、361nm。IR（KBr 压片）：3400 cm^{-1}（OH），1670 cm^{-1}（C=O），1620 cm^{-1}、1520 cm^{-1}、1470 cm^{-1}（C_6H_5）。

一、实验目的

掌握磷脂复合物的制备方法。

二、实验原理

　　磷脂复合物是将药物与磷脂溶解于适宜的溶剂中，反应一定时间后蒸去溶剂所得的均一固体物。磷脂复合物的有关研究是自加拿大的学者 Venkataram 和 Rogers 于 1984 年发表的文章而相继开展起来。他们发现将灰黄霉素与磷脂共同溶于氯仿中蒸去溶剂所得的固体共沉淀物即磷脂复合物，对药物的溶出有明显的促进作用，而且磷脂作为载体可用较少的量（5%）即可促进药物的溶出。随后人们对磷脂复合物进行了广泛的研究。研究表明，磷脂与某些药物形成复合物后可改善药物的性质。如改变药物的溶解性能，增加其油水分配系数，增强在胃肠道中的吸收，提高生物利用度；增强药物的药理作用及疗效；延长药物的作用时间；降低药物的毒副作用；减小胃肠道刺激性等。

芦丁为黄酮苷类化合物，结构上含有多个羟基，能与磷脂的极性基团发生相互作用，因此与磷脂能形成较为稳定的复合物，从而改变其理化性质。

三、实验步骤

1. 芦丁含量测定方法的建立

（1）测定波长的选择：以甲醇溶液为空白对照，取芦丁对照品甲醇溶液、供试品甲醇溶液，以及磷脂甲醇溶液在 200～700nm 进行扫描，确定芦丁的测定波长。

（2）对照品溶液的制备：精密称取干燥恒重芦丁对照品 10mg，加甲醇稀释定容至 25.0ml，得对照品储备液。

（3）标准曲线的制作：精密量取对照品储备液 0.2ml、0.4ml、0.6ml、0.8ml、1.0ml、2.0ml，分别置 10ml 量瓶中，甲醇定容。于最大吸收波长处测定吸收度，绘制吸收度与浓度的关系曲线，并得到回归方程。

（4）精密度试验：取同一浓度对照品溶液，连续测定 6 次，求 6 次测定结果的平均值和 RSD 值。

（5）稳定性试验：取同一浓度对照品溶液，于 0、20、40、60、90、120 分钟进行测定，计算 RSD 并判断样品溶液的稳定性。

（6）样品含量测定：取芦丁、芦丁磷脂复合物，在确定的吸收波长处测定吸收度，按当日标准曲线计算结果。

2. 芦丁磷脂复合物的制备及结合百分率的计算

（1）取芦丁约 2.0g，大豆磷脂约 2.0g，共同置于 2500ml 锥形瓶中，加入 100ml 四氢呋喃，于磁力搅拌器上搅拌，搅拌速度设定为 600r/min，温度设置为 50℃，搅拌时间为 2 小时，直至形成黄色澄清透明的溶液。将此溶液倒入梨形瓶或圆底烧瓶中，于旋转蒸发仪上减压蒸馏除去溶剂，得到黄色蜂窝状的固形物（此时包含芦丁磷脂复合物及少量未复合的芦丁和多余的磷脂）。

（2）芦丁磷脂复合物结合百分率的计算：由于芦丁几乎不溶于氯仿，而磷脂以及磷脂复合物易溶于氯仿，将制备好的磷脂复合物加入适量氯仿，磷脂复合物及多余的磷脂溶于其中，离心后的沉淀即为未复合的芦丁。芦丁初始投药量与沉淀量的差值即为与磷脂复合的芦丁量，按照公式（28-1）计算出芦丁与磷脂的结合百分率。

$$结合百分率 = \frac{沉淀中药物量}{投药量} \times 100\% \quad\cdots\cdots\cdots\cdots\cdots\cdots\cdots\cdots\cdots\cdots\quad 公式（28-1）$$

具体操作如下：将上述烧瓶中黄色蜂窝状的固形物用氯仿（约 20ml）溶解并转移至离心管中，1500r/min 离心 5 分钟，将上清液转移，并将沉淀再用适量氯仿洗涤并离心，洗涤液与上清液合并定容至 50ml（溶液 A），取其中 20μl，将此溶液用甲醇稀释至适当浓度并定容后（使浓度控制在标准曲线范围），采用紫外分光光度法于测定波长处测定芦丁含量。离心管底部的残渣加甲醇稀释至适当浓度并定容后，采用紫外分光光度法测定芦丁含量。

取溶液 A，减压蒸馏除去溶剂，便得到芦丁磷脂复合物，备用，将得到的磷脂复合物置于五氧化二磷的干燥器中干燥 24 小时，即得。

3. 芦丁与磷脂物理混合物样品的制备

取 2.5g 磷脂，加入 30ml 四氢呋喃溶解后，于圆底烧瓶中减压蒸馏除去溶剂，得到较分散的磷脂。取约 2g 磷脂与芦丁（1∶1，*W/W*）混合，研磨混匀，作为物理混合物，其余磷脂备用，置于五氧化二磷干燥器中干燥 24 小时。

4. 磷脂复合物形成验证

（1）红外光谱分析（IR）：取芦丁磷脂复合物、物理混合物、磷脂、芦丁分别制成溴化钾片，测定其红外图谱并进行分析。

（2）差示扫描量热法（DSC）：以空铝坩埚为参比物，另一坩埚内放入样品，扫描速度 10℃/min，扫描范围为 50℃～280℃，分别绘制芦丁磷脂复合物、物理混合物、磷脂、芦丁的 DSC 曲线图，并进行判断和分析。

实验二十九　当归挥发油 β – 环糊精包合物的制备工艺

环糊精包合技术在药学中的应用日益广泛。药物制成环糊精包合物后，可使液体药物粉末化，并具有防止挥发，掩盖药物的不良气味与刺激性，增加药物的稳定性，防止药物氧化分解等作用。

因此，为便于进一步制剂和确保含当归挥发油制剂的疗效，可以采取将当归挥发油制备成 β – 环糊精包合物，从而将当归挥发油固体化，并掩盖其不良气味，增加其稳定性。

一、实验目的

1. 掌握饱和水溶液法制备 β – 环糊精包合物的过程。
2. 掌握包合物形成的验证方法。
3. 熟悉硅胶 G 薄层板的制备。
4. 了解环糊精的性质、种类、应用和特点。

二、实验原理

包合物是一种特殊类型的化合物，由一种分子的空间结构中全部或部分包入另一种分子而形成。具有包合作用的外层分子称为主分子（host molecule），被包合到主分子空间中的小分子物质称为客分子（guest molecule 或 enclosed molecule）。包合物又称为分子胶囊。

主分子和客分子进行包合时，相互之间不发生化学键反应，不存在离子键、共价键或配位键等化学键的作用，包合作用主要是一种物理过程。

包合物形成条件，主要取决于主分子和客分子的立体结构和两者的极性。包合物的稳定性，依赖于两种分子间的范德华引力的强弱。如分散力、偶极子间引力、氢键、电荷迁移力等，有时是单一作用力起作用，多数为几种作用力的协同作用。

目前，常用包合物的主分子以环糊精（CYD）为最多。CYD 系淀粉经酶解环合后得到的由 6 ~ 12 个葡萄糖分子连接而成的环状低聚糖化合物。CYD 具有环状结构，已知有多种同系物。常见的是由 6、7、8 个葡萄糖分子通过 α – 1,4 苷键连接而成的环状化合物，分别称之为 α – 、β – 、γ – CYD。环糊精为水溶性、非还原性的白色结晶性粉末。

三、实验步骤

1. 当归挥发油的提取

将当归饮片 300g，加入 10 倍量的水，按《中国药典》挥发油提取法，提取当归挥发油，得棕褐色油状液体，用无水硫酸钠脱水后，即得当归挥发油，计算挥发油得率，备用。

2. 当归挥发油 β – 环糊精包合物的制备

（1）当归挥发油乙醇溶液的制备：精密吸取当归挥发油 1ml，加无水乙醇 1ml 洗涤移液管，洗涤液与挥发油混合均匀，即得，备用。

（2）β-环糊精饱和水溶液的制备：称取 β-环糊精 6g，置烧杯中，加蒸馏水 100ml，加热制成饱和水溶液，50℃保温，备用。

（3）当归挥发油 β-环糊精包合物的制备：将 β-环糊精饱和水溶液 100ml 置烧杯中，烧杯置恒温磁力搅拌器上，50℃恒温，另吸取当归挥发油乙醇液，缓慢滴入到 50℃的 β-环糊精饱和水溶液中，不断搅拌。待溶液出现浑浊逐渐有白色沉淀析出，继续搅拌 2 小时，停止加热，继续搅拌至室温，最后置冰箱中放置过夜（12 小时），待沉淀析出完全后，抽滤，用无水乙醚适量洗涤 3 次，去除包合物表面附着的挥发油，抽滤至干，50℃以下真空干燥，称重。

3. 包合物形成的验证（薄层色谱法，TLC）

（1）硅胶 G 板制作：将 1 份固定相（硅胶 G）和 3 份含有 0.7% CMC-Na 的水溶液在研钵中朝同一方向研磨混合，去除表面的气泡后，倒入涂布器中，在玻板上平稳地移动斜面器进行涂布（厚度为 0.2～0.3mm），取下涂好薄层的玻板，置水平台上于室温下晾干，然后在 105℃活化 30 分钟，取出后立即置于有干燥剂的干燥箱中冷却、备用。使用前检查其均匀度（可通过透射光和反射光检视）。

（2）样品液的制备：精密吸取当归挥发油 0.1ml，加无水乙醇 2.0ml，溶解，即得样品液 A，备用。

精密称取包合物适量（约含有 0.1ml 当归挥发油的量），加无水乙醇 2.0ml，振荡，取上清液，即得样品液 B，备用。

精密称取包合物适量（约含有 0.1ml 当归挥发油的量），加无水乙醚适量，振荡洗涤包合物表面，过滤，取过滤液挥干，加入无水乙醇 1.0ml，即得样品液 C，备用。

（3）TLC 条件：用微量进样器精密吸取样品液 A、B、C 各 20μl，点于同一硅胶 G 板上，以石油醚-乙酸乙酯（85：15）为展开剂，展开前将薄层板置展开槽中预饱和 20 分钟，上行展开，展距 15cm，1% 香草醛浓硫酸液为显色剂，喷雾烘干显色。

4. 当归挥发油 β-环糊精包合物收率、含油率、挥发油利用率的测定

（1）空白回收率的测定：精密量取当归油 1ml，置圆底烧瓶中，加蒸馏水 100ml，用挥发油提取法提取当归挥发油（1 小时），读数并按照公式（29-1）计算挥发油的空白回收率。

$$挥发油空白利用率 = \frac{收集挥发油量（ml）}{投入挥发油量（ml）} \times 100\% \cdots\cdots\cdots 公式（29-1）$$

（2）当归挥发油相对密度测定：挥发油相对密度测定按照《中国药典》附录中相对密度测定法之比重瓶法进行测定。

（3）包合物中挥发油的提取及包合物收率、含油率、挥发油利用率的计算：取当归挥发油包合物适量（相当于投油量 1ml 的包合物），置圆底烧瓶中，加水 100ml，用挥发油提取法提取 2 小时（或提取至挥发油油量读数不再增加），读数并根据所测数值，利用下述公式计算包合物收率、含油率、挥发油利用率，见公式（29-2）～（29-4）。

$$包合物收率 = \frac{包合物实际重量}{β-环糊精用量（g）+投油量（ml）\times 挥发油密度（g/ml）} \times 100\% \cdots 公式（29-2）$$

$$\text{包合物含油率} = \frac{\text{包合物中挥发油量（ml）} \times \text{挥发油密度（g/ml）}}{\text{包合物总重量（g）}} \times 100\% \cdots\cdots\cdots \text{公式（29 - 3）}$$

$$\text{包合物含油率} = \frac{\text{包合物中挥发油量（ml）}}{\text{投油量（ml）} \times \text{空白回收率}} \times 100\% \cdots \qquad \text{公式（29 - 4）}$$

实验三十　香丹注射剂的制备工艺

香丹注射液是由丹参、降香组成，具有扩张血管，增加冠状动脉血流量的功能。临床用于心绞痛、心肌梗死等症的治疗。

一、实验目的

1. 掌握香丹注射液制备工艺过程。
2. 熟悉注射液制备过程中影响质量的因素。
3. 了解注射液质量检查项目、质量检查方法。

二、实验步骤

1. 水蒸气蒸馏提取组方中的挥发油

取降香（400g）加水浸润，进行水蒸气蒸馏，收集蒸馏液约300ml，冷藏24小时，分去油层，水溶液另器收集。

2. 利用水提醇沉法制备中草药注射剂

取丹参（400g）和降香水蒸气蒸馏残渣及母液一同加水煎煮2次，第1次加8倍量水，煎煮1小时；第2次加6倍量水，煎煮1小时，合并煎液，滤过，滤液浓缩至800ml，加入乙醇使含醇量达75%，静置40小时，滤过，滤液回收乙醇，加适量水，静置，滤过，浓缩至约500ml，再加入乙醇使含醇量达85%，加氢氧化钠溶液调pH 9，静置40小时，滤过，滤液回收乙醇，浓缩至300ml，于溶液中按体积加入1%活性炭，加热搅拌20分钟，加入注射用水500ml，静置，滤过，加入降香蒸馏液5g和聚山梨酯80g，混匀，测定冰点，加适量氯化钠调节至等渗，加注射用水使成1000ml，滤过，灌封，灭菌，即得。

规格：每瓶装50ml。

3. 对所制备的注射剂进行质量检查

（1）性状：本品为棕色的澄明液体。

（2）定性鉴别

①取本品数滴，点于滤纸条上，干后，悬挂在氨水瓶中（不接触液面），20分钟后取出，置紫外光灯（365nm）下观察，显淡蓝色荧光。

②取本品2ml，置分液漏斗中，加石油醚（30℃~60℃）10ml，振摇提取，分取石油醚层，挥干，残渣加5%香草醛硫酸溶液1~2滴，即显棕红色，放置后渐变紫红色。

③取本品4ml置蒸发皿中，水浴蒸干，残渣加无水乙醇1ml使溶解，作为供试品溶液。另取原儿茶醛对照品，加无水乙醇制成每1ml含1mg的溶液，作为对照品溶液。照薄层色谱法试验，吸取上述两种溶液各2~5μl，分别点于同一硅胶G薄层板上，以苯－醋酸乙酯－甲酸（8:5:0.8）为展开剂，展开，取出，晾干，喷以2%三氯化铁溶液与1%铁氢化

钾溶液（1:1）的混合液。供试品色谱中，在与对照品色谱相应的位置上，显相同颜色的斑点。

（3）检查

①吸收度：取本品1ml，加水稀释成50ml，照分光光度法测定，在281nm±3nm的波长处有最大吸收，其吸收度应不小于0.30。

②pH值应为5.0～7.0。

③热原：取本品依法检查。剂量按家兔体重每1kg注射0.5ml，应符合规定。

④溶血与凝聚试验：取家兔心脏血，置有玻璃珠的容器内，振摇数分钟，除去纤维蛋白原使成脱纤血，加生理盐水，摇匀，离心，倾去上清液，沉淀的红细胞再用生理盐水洗涤3～4次，至离心后上清液不显红色，按所得红细胞体积，用生理盐水稀释成2%混悬液。取供试品0.0ml、0.3ml、0.3ml分别置三支试管中，分别加入生理盐水2.5ml、2.2ml、2.2ml和上述红细胞混悬液2.5ml，摇匀，迅速置恒温箱内，保持36.5℃±0.5℃的温度，观察3小时，不得有溶血和凝血现象。

⑤炽灼残渣不得超过1.0%。

4. 含量测定（按高效液相色谱法测定）。

①色谱条件与系统适用性试验：用十八烷基硅烷键合硅胶为填充剂；以甲醇－1%冰醋酸溶液（8:92）为流动相；检测波长为280nm。

②理论塔板数按原儿茶醛峰计算，应不低于3000。

③对照品溶液的制备：精密称取在硅胶干燥器中干燥至恒重的原儿茶醛10.00mg，置50ml量瓶中，加甲醇至刻度，摇匀，精密量取5ml，置50ml量瓶中，加甲醇至刻度，摇匀，即得（每1ml中含原儿茶醛0.02mg）。

④供试品溶液的制备：精密量取本品5.00ml，置100ml量瓶中，加水至刻度，摇匀，作为供试品溶液。

⑤测定法：分别精密量取对照品溶液和供试品溶液各20μl，注入液相色谱仪，测定，即得。（本品每1ml含原儿茶醛不得少于0.17mg）

实验三十一　乳剂的制备工艺

乳剂是两种互不混溶的液体组成的非均相分散体系。制备时加乳化剂，通过外力作功，使其中一种液体以小液滴形式分散在另一种液体中形成的液体制剂。乳剂的类型有水包油（O/W）型和油包水（W/O）型等。乳剂的类型主要取决于乳化剂的种类、性质及两相体积比。制备乳剂时应根据制备量和乳滴大小的要求选择设备。小量制备多在乳钵中进行，大量制备可选用搅拌器、乳匀机、胶体磨等器械。制备方法有干胶法、湿胶法或直接混合法。乳剂类型的鉴别，一般用稀释法或染色法。

一、实验目的

1. 掌握乳剂的几种制备方法。
2. 比较不同乳化剂及乳化方法对乳滴大小的影响。
3. 熟悉离心分光光度法在评价乳剂物理稳定性研究中的应用。
4. 熟悉乳剂类型的鉴别方法及了解乳剂转型的条件。

二、实验步骤

（一）手工法制备乳剂

1. 用阿拉伯胶为乳化剂

（1）处方：豆油（$\rho=0.91$）13ml，阿拉伯胶3.1g，蒸馏水加至50ml。

（2）操作：①取豆油置干燥乳钵中，加阿拉伯胶粉研磨均匀。按油：水：胶（4：2：1）的比例，首次加入蒸馏水6.5ml，迅速向一个方向研磨，直至产生"劈裂"的乳化声，即成初乳。②用蒸馏水将初乳分次转移至带刻度的烧杯或量杯中，加水至50ml，搅匀即得。

（3）显微镜法测定乳滴的直径：取乳剂少许置载玻片上，加盖玻片后在显微镜下测定乳滴大小，记录最大和最多乳滴的直径。

2. 用聚山梨酯–80为乳化剂

（1）处方：豆油（$\rho=0.91$）6ml，聚山梨酯–80 3ml，蒸馏水加至50ml。

（2）操作：①取聚山梨酯–80与豆油置乳钵中，研磨均匀，加入蒸馏水4ml研磨，形成初乳。②用蒸馏水将初乳分次转移至带刻度的烧杯中，加水至50ml，搅匀即得。③镜检：记录最大和最多乳滴的直径。

（二）机械分散法制备乳剂

1. 用豆磷脂为乳化剂

（1）处方：豆油（$\rho=0.91$）11ml，豆磷脂溶液25ml，蒸馏水加至100ml。

（2）操作：①豆磷脂溶液的制备：取豆磷脂1.1g，加甘油1.8ml研匀，再加少量蒸馏水研磨，用蒸馏水稀释至 25ml。②取豆油、豆磷脂溶液和蒸馏水共置组织捣碎机中，以 8000～12000r/min 速度匀化 2 分钟（匀化 1 分钟，停机 1 分钟，再匀化 1 分钟），即得样品 1。③镜检：记录最大和最多乳滴的直径。

2. 聚山梨酯 -80 为乳化剂

（1）处方：豆油（$\rho=0.91$）11ml，聚山梨酯 -80 5ml，蒸馏水加至 100ml。

（2）操作：①取聚山梨酯 -80，加适量蒸馏水搅匀，加至组织捣碎机中，再加入豆油及余下的蒸馏水以 8000～12000r/min 速度搅拌 2 分钟，即得样品 2。②镜检：记录最大和最多乳滴的直径。

（三）乳剂稳定性参数的测定

分别取前述用组织捣碎机制备的乳剂样品 1 与样品 2，置于 1ml 的离心管中，调平后放入离心机。调节离心机转数为 2000rpm，离心 15 分钟后，取出离心管，由底端将样品滴入小烧杯适量（约 20 滴），以微量取样器吸取 50.0μl，于 25ml 容量瓶中加水稀释至刻度，混匀。以水为空白在 550nm 波长下，测定其吸收度。同法取 50.0μl 原乳剂样品，稀释、定容，在同一波长下测定吸收度值，计算乳剂的稳定性参数。

（四）乳剂类型鉴别及转型实验

1. 类型鉴别

（1）稀释法：取乳剂少许，加水稀释，如能用水稀释的为 O/W 型，否则为 W/O 型。

（2）染色法：将乳剂样品涂在载玻片上，用油溶性染料苏丹 -Ⅲ 以及水溶性染料亚甲蓝各染色 1 次，在显微镜下观察，苏丹 -Ⅲ 均匀分散的乳剂则为 W/O 型，亚甲蓝均匀分散的为 O/W 型。

2. 转型实验　取含有 20% 油酸的植物油 3ml 置小烧杯中，滴加 0.1mol/L NaOH 溶液约 10ml，边加边振摇，制成 O/W 型乳剂。取该乳剂半量，边振摇边滴加 0.05mol/L $CaCl_2$ 溶液（约加入 5ml）即形成 W/O 型乳剂。

实验三十二　混悬剂的制备工艺

混悬剂（又称混悬液，悬浊液）系指难溶性固体药物以微粒（$>0.5\mu m$）形式分散在液体分散介质中形成的分散体系。混悬剂的制备方法有分散法与凝聚法。

分散法：将固体药物粉碎成微粒，再根据主药物性质混悬于分散介质中，加入适宜的稳定剂。亲水性药物先干研至一定细度，再加液研磨。疏水性药物则先用润湿剂或高分子溶液研磨，使药物颗粒润湿，最后加分散介质稀释至总量。

凝聚法：将离子或分子状态的药物借助物理或化学方法凝聚成微粒，再混悬于分散介质中形成混悬剂。

一、实验目的

1. 掌握混悬剂的一般制备方法。
2. 掌握沉降容积比的概念并熟悉测定方法。

二、实验步骤

1. 亲水性药物混悬剂的制备及沉降容积比的测定

（1）处方

处方 1：氧化锌 0.5g，甘油 0.5ml，蒸馏水加至 10ml。

处方 2：氧化锌 0.5g，甘油 3.0ml，蒸馏水加至 10ml。

处方 3：氧化锌 0.5g，甲基纤维素 0.1ml，蒸馏水加至 10ml。

处方 4：氧化锌 0.5g，西黄芪胶 0.1ml，蒸馏水加至 10ml。

（2）操作

①处方 1、2 的配制：称取氧化锌细粉（过 120 目筛），置乳钵中，分别加 0.3ml 蒸馏水或甘油研成糊状，再各加少量蒸馏水或余下甘油研磨均匀，最后加蒸馏水稀释并转至 10ml 刻度试管中，加蒸馏水至刻度。

②处方 3 的配制：称取甲基纤维素 0.1g，加入蒸馏水研成溶液后，加入氧化锌细粉，研成糊状，再加蒸馏水研匀，稀释并转移至 10ml 刻度试管中，加蒸馏水至刻度。

③处方 4 配制：称取西黄芪胶 0.1g，置乳钵中，加乙醇几滴润湿均匀，加少量蒸馏水研成胶浆，加入氧化锌细粉，以下操作同处方 3 配制。

④沉降容积比测定：将上述 4 个装混悬液的试管，塞住管口，同时振摇相同次数（或时间）后放置，分别记录 0、5、10、30、60、90、120 分钟沉降物的高度（ml），计算沉降容积比，绘制各处方的沉降曲线。

2. 絮凝剂对混悬剂再分散性影响

（1）处方

处方1：碱式硝酸铋1.0g，蒸馏水加至10ml。

处方2：碱式硝酸铋1.0g，1%枸橼酸钠溶液1.0ml，蒸馏水加至10ml。

（2）操作

处方1：取碱式硝酸铋置乳钵中，加0.5ml蒸馏水研磨。

处方2：取碱式硝酸铋置乳钵中，加1%枸橼酸钠0.5ml，研磨。

然后各分次用余下的1%枸橼酸钠溶液及蒸馏水转移至试管中，加蒸馏水至10ml，振摇后放置2小时。

3. 疏水性药物混悬剂的制备，比较几种润湿剂的作用

（1）处方

处方1：精制硫黄0.2g，蒸馏水加至10ml。

处方2：精制硫黄0.2g，乙醇2.0ml，甘油1.0ml，蒸馏水加至10ml。

处方3：精制硫黄0.2g，软皂液1.0ml，蒸馏水加至10ml。

处方4：精制硫黄0.2g，聚山梨酯-80 0.03g，蒸馏水加至10ml。

（2）操作：称取精制硫黄置乳钵中，各处方分别按加液研磨法依次加入少量蒸馏水、乙醇、甘油、软皂液或聚山梨酯-80（加少量蒸馏水）研磨，再向各处方中缓缓加入蒸馏水至全量。振摇，观察硫黄微粒的混悬状态，记录。

4. 凝聚法制备硫黄洗剂

取4%盐酸（W/V）与20%硫代硫酸钠（W/V）溶液各5ml，置10ml具塞试管中，振摇，观察硫黄存在的状态，记录。

实验三十三　片剂的质量检查

片剂是应用最为广泛的药物剂型之一。片剂的制备方法有制颗粒压片（分为湿法制粒和干法制粒）、粉末直接压片和结晶直接压片。现将片剂的质量检查工艺过程介绍如下。

一、实验目的

1. 掌握片剂质量的检查方法。
2. 考察不同种类片剂硬度或崩解性能的影响因素。

二、实验步骤

1. 硬度检查法

破碎强度法，采用片剂四用测定仪进行测定。将药片径向固定在两横向杆之间，其中的活动柱杆借助弹簧沿水平方向对片剂径向加压，当片剂破碎时，活动柱杆的弹簧停止加压，仪器刻度盘所指示的压力即为片的硬度。测定 3~6 片，取平均值。

2. 脆碎度检查法

取药片，按《中国药典》附录项下检查法，置片剂四用测定仪脆碎度检查槽内检查，记录检查结果。

检查方法及规定如下：片重为 0.65g 或以下者取若干片，总重量约为 6.5g；片重大于 0.65g 者取 10 片。用吹风机吹去脱落的粉末，精密称重，置圆筒中，转动 100 次。取出，同法除去粉末，精密称重，减失重量不得超过 1%，且不得检出断裂、龟裂及粉碎的片。

3. 崩解时间检查法

应用片剂四用测定仪进行测定。采用吊篮法，方法如下：取药片 6 片，分别置于吊篮的玻璃管中，每管各加一片，开动仪器使吊篮浸入 37℃ ±1.0℃ 的水中，按一定的频率（30 ~ 32 次/分）和幅度（55 ±2 次/分）往复运动。从片剂置于玻璃管开始计时，至片剂破碎且全部固体粒子都通过玻璃管底部的筛网（Φ2mm）为止，该时间即为该片剂的崩解时间，应符合规定。

4. 重量差异检查法

取药片 20 片，精密称定总重量，求得平均片重后，再分别精密称定各片的重量。每片重量与平均片重相比较（凡不进行含量测定的片剂，每片重量应与标示片重比较）超出重量差异限度的药片不得多于 2 片，并不得有 1 片超出限度 1 倍。